● 電気・電子工学ライブラリ ●
UKE-D3

電力システム工学の基礎

加藤政一・田岡久雄 共著

数理工学社

編者のことば

電気磁気学を基礎とする電気電子工学は，環境・エネルギーや通信情報分野など社会のインフラを構築し社会システムの高機能化を進める重要な基盤技術の一つである．また，日々伝えられる再生可能エネルギーや新素材の開発，新しいインターネット通信方式の考案など，今まで電気電子技術が適用できなかった応用分野を開拓し境界領域を拡大し続けて，社会システムの再構築を促進し一般の多くの人々の利用を飛躍的に拡大させている．

このようにダイナミックに発展を遂げている電気電子技術の基礎的内容を整理して体系化し，科学技術の分野で一般社会に貢献をしたいと思っている多くの大学・高専の学生諸君や若い研究者・技術者に伝えることも科学技術を継続的に発展させるためには必要であると思う．

本ライブラリは，日々進化し高度化する電気電子技術の基礎となる重要な学術を整理して体系化し，それぞれの分野をより深くさらに学ぶための基本となる内容を精査して取り上げた教科書を集大成したものである．

本ライブラリ編集の基本方針は，以下のとおりである．
1) 今後の電気電子工学教育のニーズに合った使い易く分かり易い教科書．
2) 最新の知見の流れを取り入れ，創造性教育などにも配慮した電気電子工学基礎領域全般に亘る斬新な書目群．
3) 内容的には大学・高専の学生と若い研究者・技術者を読者として想定．
4) 例題を出来るだけ多用し読者の理解を助け，実践的な応用力の涵養を促進．

本ライブラリの書目群は，I 基礎・共通，II 物性・新素材，III 信号処理・通信，IV エネルギー・制御，から構成されている．

書目群 I の基礎・共通は 9 書目である．電気・電子通信系技術の基礎と共通書目を取り上げた．

書目群 II の物性・新素材は 7 書目である．この書目群は，誘電体・半導体・磁性体のそれぞれの電気磁気的性質の基礎から説きおこし半導体物性や半導体デバイスを中心に書目を配置している．

書目群 III の信号処理・通信は 5 書目である．この書目群では信号処理の基本から信号伝送，信号通信ネットワーク，応用分野が拡大する電磁波，および

電気電子工学の医療技術への応用などを取り上げた．

　書目群 IV のエネルギー・制御は 10 書目である．電気エネルギーの発生，輸送・伝送，伝達・変換，処理や利用技術とこのシステムの制御などである．

　「電気文明の時代」の 20 世紀に引き続き，今世紀も環境・エネルギーと情報通信分野など社会インフラシステムの再構築と先端技術の開発を支える分野で，社会に貢献し活躍を望む若い方々の座右の書群になることを希望したい．

　　2011 年 9 月

編者　松瀨貢規　湯本雅恵
西方正司　井家上哲史

「電気・電子工学ライブラリ」書目一覧			
書目群 I（基礎・共通）			
1	電気電子基礎数学		
2	電気磁気学の基礎		
3	電気回路		
4	基礎電気電子計測		
5	応用電気電子計測		
6	アナログ電子回路の基礎		
7	ディジタル電子回路		
8	ハードウェア記述言語によるディジタル回路設計の基礎		
9	コンピュータ工学		
書目群 II（物性・新素材）			
1	電気電子材料工学		
2	半導体物性		
3	半導体デバイス		
4	集積回路工学		
5	光工学入門		
6	高電界工学		
7	電気電子化学		
書目群 III（信号処理・通信）			
1	信号処理の基礎		
2	情報通信工学		
3	無線とネットワークの基礎		
4	基礎 電磁波工学		
5	生体電子工学		
書目群 IV（エネルギー・制御）			
1	環境とエネルギー		
2	電力発生工学		
3	電力システム工学の基礎		
4	超電導・応用		
5	基礎制御工学		
6	システム解析		
7	電気機器学		
8	パワーエレクトロニクス		
9	アクチュエータ工学		
10	ロボット工学		
別巻 1	演習と応用 電気磁気学		
別巻 2	演習と応用 電気回路		
別巻 3	演習と応用 基礎制御工学		

まえがき

　現代社会において，日常生活に欠かせないものとなっている電気エネルギーの発生から供給までの技術を体系的に扱う電力システム工学は，電気電子工学の分野において，基幹となる学問として非常に重要である．私たちは電気をクリーンで扱いやすいエネルギーとして利用している．電気エネルギーを運ぶネットワークで起こりうる様々な現象を解析し，問題点・課題があればその対策を立案するために必要な技術は，電気事業が始まった100年以上前から発展してきた．

　本書は，電気エネルギーすなわち電力を，いかに無駄なく大量に安全に隅々まで安定に送り届けることができるかという，電力システムが目指す安定供給のための技術について，工学系の学生にわかりやすく書いている．

　今，電力システムの在り方をめぐって，スマートグリッド，再生可能エネルギー，発送電分離など，様々なシステム，技術，さらには制度の提案，実証，実用化がなされている．折しも，東日本大震災が起こり，電気エネルギーの恩恵にあずかっている私たちの現実を再認識することになった．本書で，その電気エネルギーの流れをつかみ，制御・利用するために必要な最低限の知識を学んでいただきたい．目標とするところは，最新の技術開発の知見の流れも取り入れた，使いやすくわかりやすい書であり，皆様の修学の糧となれば幸いである．

　なお，本書では，単位や記号を，新JIS表記に統一して執筆している．新旧JIS表記の対応表を，目次の後に掲載したので参考にしていただきたい．

2011年8月

加藤政一・田岡久雄

目　　次

第1章
電力システム　1
1.1 電気の流れと電力システム　2
1.1.1 電気エネルギーの長所と短所　2
1.1.2 電気の流れ　3
1.2 電力システムの歴史　7
1.3 最近の電力システムの動向　11
1章の問題　14

第2章
交流回路　15
2.1 交流回路理論　16
2.1.1 交流の複素表現　16
2.1.2 電　力　16
2.1.3 複 素 電 力　17
2.2 平衡三相交流　19
2.2.1 平衡三相交流電圧　19
2.2.2 平衡三相交流電流　20
2.2.3 Y結線，Δ結線　21
2.2.4 平衡三相回路の解析　23
2章の問題　26

第3章

送 電 系 統　　　　　　　　　　　　　　　　　　　27

- 3.1 変圧器の等価回路 ······································· 28
  - 3.1.1 二巻線変圧器 ······························· 28
  - 3.1.2 二巻線変圧器の等価回路 ················· 30
- 3.2 単 位 法 ·· 32
- 3.3 単位法を用いた変圧器の等価回路 ················· 33
- 3.4 送電線の等価回路 ···································· 36
  - 3.4.1 正相インピーダンス ······················· 37
  - 3.4.2 正相アドミタンス ·························· 38
- 3.5 三相回路の単位法 ···································· 40
- 3章の問題 ·· 44

第4章

潮 流 計 算　　　　　　　　　　　　　　　　　　　45

- 4.1 ノードアドミタンス行列 ···························· 46
- 4.2 電力方程式 ·· 50
- 4.3 直流法潮流計算 ······································· 54
- 4章の問題 ·· 56

第5章

安定度計算　　　　　　　　　　　　　　　　　　　57

- 5.1 安定度の種類 ··· 58
  - 5.1.1 定態安定度 ·································· 58
  - 5.1.2 過渡安定度 ·································· 59
- 5.2 同期発電機と動揺方程式 ···························· 60
- 5.3 等 面 積 法 ·· 62
- 5.4 安定度向上対策 ······································· 66
- 5章の問題 ·· 68

第6章

電力システムにおける電圧の特性　　69
- 6.1　無効電力と電圧の関係　　70
- 6.2　電圧変動の感度　　72
- 6.3　無効電力の供給　　75
- 6.4　電圧無効電力制御　　78
- 6章の問題　　80

第7章

電力システムにおける周波数の特性　　81
- 7.1　周波数維持の必要性　　82
  - 7.1.1　需要家側からの必要性　　82
  - 7.1.2　系統側からの必要性　　82
- 7.2　有効電力と周波数の関係　　83
  - 7.2.1　発電ユニットのガバナ制御　　83
  - 7.2.2　負荷の周波数特性　　85
  - 7.2.3　系統の周波数特性　　85
- 7.3　連系系統の周波数―潮流特性　　87
- 7.4　負荷周波数制御　―単独系統の場合―　　89
- 7.5　負荷周波数制御　―連系系統の場合―　　91
- 7.6　連系系統における周波数制御の例　　94
- 7章の問題　　96

問題解答　　98

索引　　106

電気用図記号について

　本書の回路図は，JIS C 0617 の電気用図記号の表記（表中列）にしたがって作成したが，実際の作業現場や論文などでは従来の表記（表右列）を用いる場合も多い．参考までによく使用される記号の対応を以下の表に示す．

	新JIS記号（C 0617）	旧JIS記号（C 0301）
電気抵抗，抵抗器		
スイッチ		
半導体 （ダイオード）		
接地 （アース）		
インダクタンス，コイル		
電源		
ランプ		

本書に出てくる主な電気量の単位

量	SI単位	量	SI単位
有効電力	W（ワット）	インダクタンス	H（ヘンリー）
無効電力	var（バール）	静電容量	F（ファラド）
起電力	V（ボルト）	インピーダンス	Ω（オーム）
電流	A（アンペア）	アドミタンス	S（ジーメンス）

第1章

電力システム

　現代社会において，電力への需要は大きく，日常生活に欠かせないものとなっている．電力の発生から供給までの技術を体系的に扱う電力システム工学は，電気電子工学の分野において，基幹となる学問として重要である．

　本章では，電気の流れと電力システムの概要について述べ，その歴史を紐解きつつ，現在および今後の技術動向について紹介する．

1.1 電気の流れと電力システム

1.1.1 電気エネルギーの長所と短所

電気は，今や生活の中で欠かせないものとなっているが，その利用形態は大きく2つに分けられる．一つがエネルギーとしての電気の利用であり，もう一つは信号としての利用である．

電気の波としての性質を利用し，通信，コンピュータなどの分野で，信号としての電気が幅広く利用されている．特に近年，通信技術，半導体技術が進歩し，アナログ信号からディジタル信号に変遷を遂げた．その結果，コンピュータ，インターネットなど信号としての利用がますます盛んになり，利用分野が広がっている．

一方，駆動のためにはエネルギーとしての電気が不可欠である．電気エネルギーは，クリーンなエネルギーで取扱いが容易であること，適切な対策を施すことで安全に利用可能であることなどのメリットから，広く普及してきた．その特徴は

(1) クリーンなエネルギーである： 電気は，他のエネルギーから作ることが多い．いったん電気エネルギーに変換されると，有害物質を出さないクリーンなエネルギーとして効率よく使うことができる．

(2) 取扱いやすい： 電圧や周波数などの電気の品質を変えることが可能である．絶縁対策，保護をきちんとすることで，電線さえあれば遠くまで安全に運ぶことができる．

(3) 他のエネルギーとの変換が容易である： 電気エネルギーとして直接使うだけでなく，光や熱，動力など，他のエネルギー形態への変換が容易である．

などの長所がある一方

(4) 貯蔵が困難である： 化学エネルギーに変換して貯蔵する方法としてバッテリがあるが，容量が小さい．一方，大容量の電気エネルギーの貯蔵方法として揚水発電などがある．しかし大容量貯蔵が難しく，発生と消費のバランスを取りながら電気エネルギーを作らなくてはならない．

(5) 見えない： 電線や機器に電気が流れていることに気付きにくい．そのため，電気が流れていることを光や他の方法で知らせるなどの工夫が必要である．

など，いくつかの短所もある．

　電力システムは電気の発生から消費までをつかさどる巨大なシステムである．さらに，**電力システム工学**は電気をエネルギーとして利用するためのネットワークで起こり得る様々な現象を解析して，問題点・課題があればその対策を立案し，さらなる技術開発の基礎となる知識を学ぶ学問である．これらの基礎知識を身に付けた上で，電気エネルギー，すなわち電力をいかに無駄なく大量に安全に隅々まで送り届けることができるかという電力の安定供給技術について学ぶ学問が，電力システム工学である．一般に電力システムを**電力系統**とも呼び，ほぼ同じ意味で使われている．

1.1.2　電気の流れ

　電気エネルギーは，他の形態のエネルギーを変換して作られる．電気を発生させるための設備が**発電所**である．

- **水力発電所**では，ダムなどで造られた高い貯水池に貯まった水を低い川や貯水池に流して水車タービンを回す．すなわち，水の持つ位置エネルギーを運動エネルギーに変換し，その回転を発電機に伝えて電気エネルギーに変えている．
- **火力発電所**では，石炭や石油，天然ガスを燃焼させることによって発生する熱エネルギーで水蒸気を発生させ，蒸気タービンに吹き付けてタービンを回す．すなわち，熱エネルギーを運動エネルギーに変換し，発電機を回して電気エネルギーに変えている．
- **原子力発電所**は，原子の核分裂反応により発生する熱エネルギーで水蒸気を発生させ，火力発電機と同様に，蒸気タービンを回す．すなわち，核エネルギーを運動エネルギーに変換し，発電機で電気エネルギーに変えている．
- **揚水発電所**は，水を貯める調整池を発電所の上部と下部に作り，昼間の電力需要の多いときに上部の調整池から下部の調整池に水を流して発電し，夜間の余った電力を使って発電機をポンプとして動かし，下部の調整池の水を上部の調整池に戻し，位置エネルギーとして電気を貯えることができる．

　発電所で発生した電気エネルギーは，変圧器，送電線，配電線などを通って，電気を使う需要家のところまで運ばれる．
　発電所は，山奥や海岸沿いなど，需要家の地域から遠くに建設されることが多い．発電所のある地域と需要家のある地域を一体的に管理することができる

図1.1　日本の電力システム

よう，日本の電力会社は，地域ごとに分割されている．しかし，電力は貯蔵することが困難であるため，電力会社間で互いに融通し合うことが必要となる．そのため，互いに連系することにより，事故などの際の供給安定性を高く保つことができる．日本の9社の電力会社は互いに連系線で結ばれている．その概要を示したのが図1.1である．

1.1 電気の流れと電力システム

電気エネルギーの量は，電圧と電流の積で表現され，電圧が高ければ高いほど多くのエネルギーを運ぶことができる．また，電圧を上げることにより電流の増加を抑え，送電損失も低減される．そこで発電所で高い電圧に上げて送電される．需要家に近くなると，取扱いが容易なように電圧を低くする．電圧の大きさを変えたり，送電線を切り替えたりする設備が一次変電所や二次変電所などの**変電所**である．

図1.2 に電気の流れを示す．電気を送るために各地に張り巡らされた送電線や発電所，変電所は，電気の発生する量，流れる量，使われる量を把握し，必要なところに必要な量だけ運ぶ．中央給電指令所と，中央給電指令所の指示を受けて地域ごとに制御を担当する複数の制御所では，電力の流れや品質を監視し，安定に流れるよう制御する．その制御システムの概要を図1.3 に示す．

電気は，現在主に交流で送られている．交流は直流に比べ，変圧器を用いて電圧階級を変えながら遠くまで電力を送ることができる．また，必ず電流が零になる時点があるため，電流の少ない点で遮断することができるなど，電力機

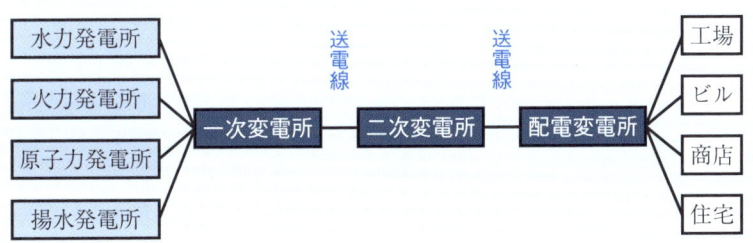

図1.2 電気の流れ

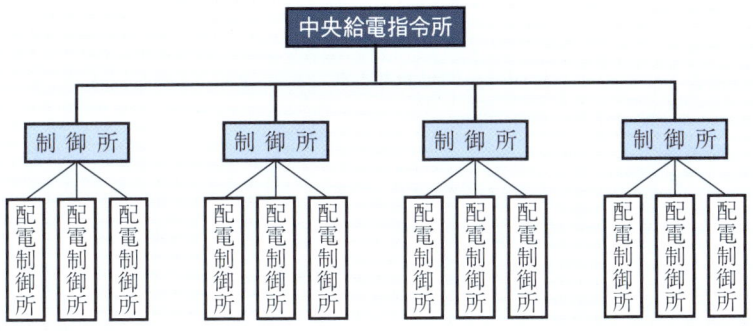

図1.3 制御システム

器や設備の設計製作が容易である．

　正弦波交流の波形を 120 度ずつずらした 3 つの電流を一括して送る**三相交流**では，線路数に比べて多くの電気エネルギーを送ることができる．そこで，送電線は**平衡（対称）三相交流**による送電が一般的である．

● 電気自動車 ●

　電気自動車といえば，純粋な電気自動車（EV：Electric Vehicle）の他，ハイブリッド車（HEV：Hybrid EV），プラグインハイブリッド車（PHEV：Plug-in Hybrid EV），燃料電池車（FCEV：Fuel Cell EV）などがある．これらの中で，充電機能を備えて電力システムと接続されるものは，EV と PHEV，それに一部の FCEV である．

　一般的に，自動車は通常 95％以上の時間帯で駐車されたまま使用されないといわれる．そこで，駐車中は使われない電気自動車のバッテリを電力貯蔵装置ととらえ，電力システム（グリッド）側に貢献させることが検討されている．電力システムからの充電を G2V（Grid to Vehicle）と呼び，充電と電力システムへの放電まで含む接続形態を V2G（Vehicle to Grid）と称する．充電のみであっても適切な制御がされる場合，電力システムへの貢献には違いなく，これら全体を V2G と呼ぶこともある．

　当初，電気自動車は，単なる電力負荷として捉えられていた．車両を動かすためにはかなり大きなエネルギーを必要とするため，電気自動車が普及すると，大きな負荷となり，充電による電力システムへの影響が無視できなくなる．しかし，電力需要の少なくなる深夜時間帯に充電を行うと，負荷の平準化になり，負荷率や設備利用率の向上に寄与する．

　充電制御のみではなく，放電も考えた V2G においては，負荷平準化に加えて太陽光発電や風力発電のような再生可能エネルギーによる発電出力の変動吸収を担う役割が期待されている．電気自動車のバッテリを電力貯蔵装置と考え，積極的に電力システムへ貢献させようというものである．

　もちろん電気自動車自体の研究・開発のスピードにも目を見張るものがある．今後より一層，電気自動車の普及に向けての研究が進むものと考えられる．

1.2 電力システムの歴史

　電気をエネルギーとして利用し始めた歴史は，エジソン（米）の時代，日本では明治初期にさかのぼる．エジソンが 1881 年に白熱電灯を実用化し，電力会社を設立したのが 1882 年である．そのころ，日本では，文明開化の波が押し寄せてきており，1885 年に日本初の白熱電灯が東京銀行集会所開業式で点灯された．やがて 1886 年に東京電灯会社（東京電力の前身）が設立され，電力事業がスタートした．電気の利用は全国に普及し，1887 年には，名古屋電灯，神戸電灯，京都電灯，大阪電灯が相次いで設立された．また，東京電灯が第二電灯局を建設し，出力 25 kW のエジソン式直流発電機を設置した日本初の火力発電所が稼働し，210 V 直流 3 線式で家庭配電が開始されたのもこのころである．

　エジソンは，電力供給を直流で行っていた．しかし，直流送電方式の限界，すなわち電圧の変更が容易でないことに起因して長距離の送電では損失が大きいことなどから，電力供給網は地域ごとに小規模なものが多かった．1881 年にゴーラル（仏），ギブス（英）が変圧器を発明し，交流で電圧を自由に変えることができるようになったのをきっかけに交流での電力供給が提案された．1896 年には，ニコラ・テスラ（米）による交流送電方式による電力事業が開始された．送電時には高電圧，使用時には低電圧という使分けができるなど，交流送電の効率の良さが知れ渡った．より大きなエリアでの供給が可能になると，直流を用いた電力会社は次第になくなっていった．ただ，エジソンという名前は，電力会社の名前として，3 つの会社で現在でも残っている．ニューヨークのマンハッタン島に電力を供給する Con Edison，カリフォルニア州南部に電気を供給する Southern California Edison，そしてシカゴの Commonwealth Edison である．

　日本でも 1889 年に大阪電灯（現在の関西電力の前身）が交流での供給を開始し，次第に交流送電が主流を占めていった．1892 年には日本初の営業用水力発電所，京都市営蹴上発電所が完成した．当時の出力は 160 kW，現存する最古の水力発電所で，現在も 4500 kW で稼働中である．

　1895 年には東京電灯が，ドイツ AEG 製の発電機を使用して，50 Hz 浅草発電所の操業を開始した．これが東日本標準 50 Hz のきっかけとなった．また，1897 年には，大阪電灯がアメリカ GE 製の発電機を増設．この発電機が 60 Hz で，その後の西日本標準 60 Hz のきっかけとなった．

　現在，一般の送電線に用いられている**平衡三相**の交流送電方式は，送電線全体として送られる瞬時電力が時間によらず一定であるため発電機に加わる回転

力が一定となることなどの理由から，電力を効率良く供給することができる．そのため，平衡三相交流が 50 Hz, 60 Hz ともに用いられ，長距離送電が可能となっていく．1899 年には，福島県猪苗代湖安積疎水を利用した郡山絹糸紡績の沼上水力発電所が運転開始した．出力 300 kW，送電電圧 1 万 1000 V，送電距離 22.5 km，長距離送電のはじまりである．その後，技術の進歩によって送電電圧が上昇し，電気事業は急激に伸びてきた．それまで孤立していた個別の電力会社は，1939 年に電気庁が設置され，民間の電気事業者の設備をまとめる日本発送電が設立された．1941 年には配電統制令が交付され，それにもとづき 1942 年に日本発送電と 9 配電会社に統合され，北海道，東北，北陸，関東，中部，関西，中国，四国，九州の各配電会社が発足した．1951 年には電力再編により，現在のような地域分割の電力会社体制となった．

電力システムの規模拡大，連系もさらに進み，1952 年には，関西電力が新北陸幹線送電を開始した．これが日本初の 27 万 V 送電，超高圧送電のはじまりである．

1965 年には初の 50 Hz, 60 Hz を連系した佐久間周波数変換所が完成し，50 Hz, 60 Hz の系統が，水銀整流器を通して初めてつながった．一方で同じころ，ニューヨークで大停電事故が発生し，連系系統の危うさが指摘されるようになった．電力システムの規模が大きくなるにつれ，交流系統の持つ安定度の限界が課題となり，直流送電が見直された．現在では，交直変換装置を用いた系統の分割，棲分けがなされつつある．

図 1.4 に日本の発電電力量の推移を示す．電力需要は，景気の動向や政治，社会的な出来事の影響を反映している．戦後の高度成長期や好景気のときには顕著な伸びを示す一方，不景気や石油危機の影響を受けたときには停滞や低下しているのがわかる．かつて水力発電が主流だったが，高度経済成長以降，豊富で安価な石油を使った火力発電に移行した．しかし，石油危機（オイルショック）以降は発電方式の多様化が求められ，原子力や天然ガスなどの石油に代わるエネルギーの開発と導入が進められた．図 1.5 に日本の最大電力及び日最大電力量の推移を示す．経済の発展や冷房需要の増加などによって急速に上昇してきたが，近年は鈍化傾向が見られる．

1.2 電力システムの歴史

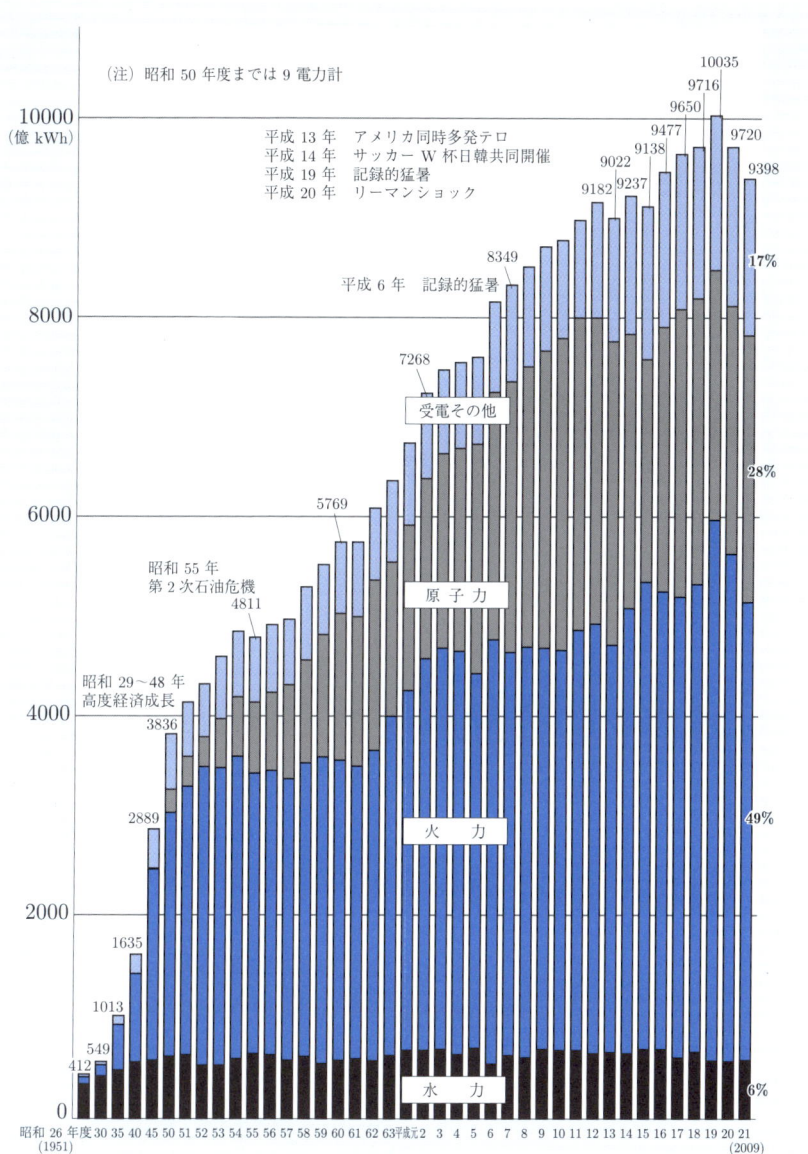

図1.4　日本の発電電力量の推移
（参考）電気事業便覧

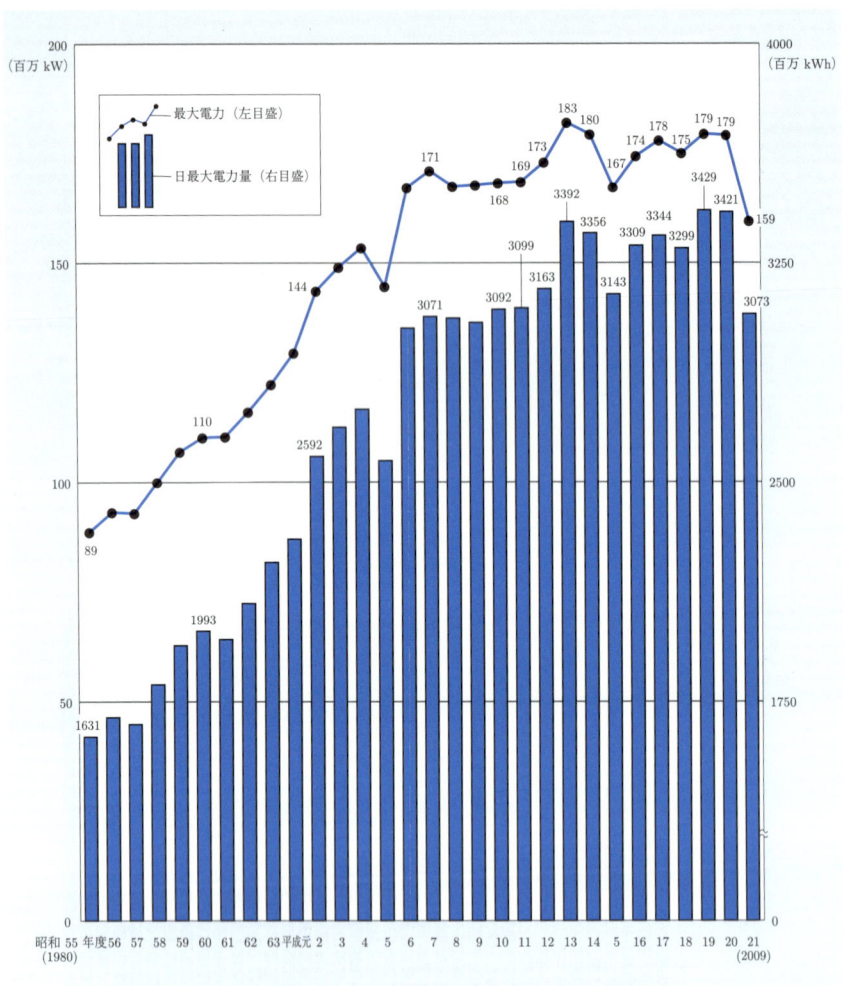

図1.5　日本の最大電力及び日最大電力量の推移
（出典）電気事業連合会調べ

1.3 最近の電力システムの動向

電力システムの在り方をめぐって，近年，電力自由化，再生可能エネルギー，マイクログリッド，スマートグリッドなど様々な提案・実証・実用化がなされてきている．

電気を停電なく供給し続けること，すなわち供給信頼度の高さはその需要の大小にかかわらず維持しなくてはいけないというのが，以前の考えであり，そのための設備容量を常に増やし続けてきた．しかし，現在は信頼度に対し経済性を考慮に入れて電力の市場を構築・開放する流れである．これが**電力自由化（規制緩和）**である．コスト意識を持ち，電気が常に得られることは高コストであることを人々は意識させられた．一方，コスト追求により，電気料金の値下げにもつながった．現在の日本の電力取引における事業者と需要家の関係は，**図1.6**に示すようになっており，契約電力が50 kW以上の需要家が自由化されている．

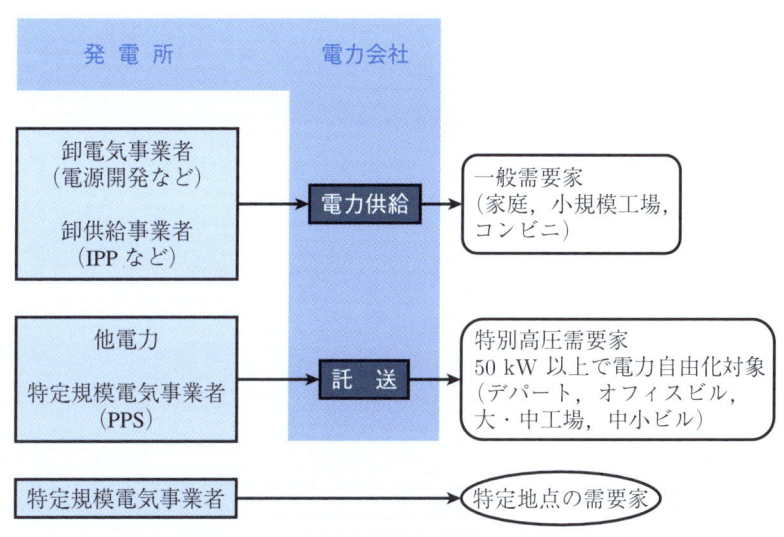

図1.6　日本における電気事業者と需要家の関係

一方，地球温暖化現象の抑制のために，化石燃料による発電を減らし，**再生可能エネルギー**による発電を増やし，低炭素社会を実現しようという流れが強くなっている．また，自給自足の発想で小規模な電力システムを実現しようとする**マイクログリッド**の実証が各地で行われている．しかしながら，再生可能エネルギー電源の導入には費用がかかるため，そのインセンティブ（奨励金）をいかに与えるかが議論になっている．

スマートグリッドという言葉がもてはやされている．スマートグリッドとは，ディジタル機器による通信能力や演算能力を活用して電力需給を自律的に調整する機能を持たせることにより，省エネとコスト削減および信頼性と透明性の向上を目指した次世代電力システムの形態のことである．ただその定義は曖昧で，いわゆる「スマート＝賢い」をどの程度と考えるかは明確ではない．

2011 年の東日本大震災を受けて，電力の需要に対する供給不足の問題が注目を浴びた．これは需要と供給の問題であるが，同時にいかに安定度を確保するかという問題でもある．これを解決するために，50 Hz と 60 Hz の周波数変換容量の増大が叫ばれ，また，再生可能エネルギーの拡大も後押しされている．

その中で，太陽光発電や風力発電のみでは系統を安定に維持できないという声が聞かれる．また，再生可能エネルギーでは，充分な電力の量が確保できるかどうかも問われている．これらの問題を解決し，エネルギーのベストミックスを考慮しながら次世代の電力システムを考えていく必要がある．

● スマートグリッド ●

スマートグリッド（smart grid）とは，情報通信技術（ICT）を活用して電力需給を自律的に調整する機能を持たせることにより，省エネとコスト削減および信頼性と透明性の向上を目指した新しい電力網である．

そもそも，オバマ政権が米国のグリーン・ニューディール政策の柱として打ち出したことから，一躍注目を浴びることとなった．従来の送電線は，大規模な発電所から一方的に電力を送り出す方式である．しかし，需要のピーク時を基準とした計画ではムダが多く，送電網自体が自然災害などに弱く，復旧に手間取るケースもあった．そのため送電の拠点を分散し，需要家と供給側との双方から電力のやりとりができる「スマート」な送電網が望まれるようになった．

大規模な送電網の整備事業で，安定性・信頼性の向上を図るだけでなく，効率的な配送電による省エネや，再生可能エネルギー導入の促進など，高機能化を行うことで関連産業を成長させ，競争力をつけようとしている．

日本の電力システムは，すでに「スマート」であるといわれており，その安定供給に関するシステムは他の先進国に比べても群を抜いている．それは，アメリカや欧州の年間事故停電時間が50〜100分程度であるのに対し，日本のそれが19分であることを比較すれば明らかである．日本の電力システムは通信システムで管理されており，停電や事故の情報を迅速に検知することができる．

一方で，太陽光発電や風力発電をはじめとする，再生可能エネルギーの積極利用への動きは活発である．これらの新エネルギー導入の肝となるのがスマートグリッドである．太陽光や風力などは，その発電量が天候や気候に左右され非常に不安定である．さらに，電力需要が少ないときに供給量が増加してしまうと，発電量の余剰が発生する可能性がある．そのため，需要と供給のバランスを調整するなどの系統安定化策が必要となる．スマートグリッドは，こうした課題を解決する技術として期待が高い．

1章の問題

☐ **1.1** 交流送電方式と直流送電方式の特徴をそれぞれ述べよ．

☐ **1.2** 電気では，歴史上の人物の名前が単位に使われているものが多い．単位に使われている人物の名前とその単位を挙げよ．

第2章

交流回路

　電力システムは交流が基本である．本章では，交流回路の基礎について復習するとともに，効率的な電力輸送を行うために電力システムで一般的に用いられる平衡（対称）三相交流回路の解析法を説明する．

2.1 交流回路理論

2.1.1 交流の複素表現

電力システムで扱う電圧波形は正弦波状で，周波数は 50 Hz または 60 Hz で一定である．

交流回路の解析においては，**複素表現**（複素数表示，あるいはベクトル表示とも呼ばれる）が一般的に用いられる．例えば正弦波交流電圧が

$$v(t) = \sqrt{2}\, V_\mathrm{m} \sin(\omega t + \theta)$$

と表されるとする．ここで，V_m は**実効値**，ω は**角周波数**（$\omega = 2\pi f$，f は**周波数**），θ は**初期位相**である．

この電圧を複素表現すると，$\dot{V} = V_\mathrm{m} e^{j\theta}$ と表される．あるいは，$V_\mathrm{m} \angle \theta$ と表すこともあり，これを**フェーザ表現**と呼ぶ．本書では，両方を併用している．

なお，複素表現した変数には $\dot{V}$, $\dot{I}$ のように・を上につける．また大きさは $|\dot{V}|$, $|\dot{I}|$ のように表す．

2.1.2 電　力

複素表現で，ある点の交流電圧を $\dot{V}$，そこを流れる交流電流を $\dot{I}$ とする．このとき，電力には次の 3 つがある（表2.1）．

ここで，$|\dot{V}|$, $|\dot{I}|$ は電圧，電流の実効値を表す．

皮相電力と有効電力，無効電力の間には次のような関係が成り立つ．

$$|\dot{S}| = |\dot{V}||\dot{I}| = \sqrt{P^2 + Q^2} \tag{2.1}$$

- **抵抗負荷**は有効電力を消費する．
- リアクトルのような**誘導性負荷**は無効電力を消費する．
- コンデンサのような**容量性負荷**は無効電力を発生する．

なお，電力システムでは，無効電力は進みの（進相）無効電力を意味する．

表2.1　有効電力，無効電力，皮相電力

名　称	定　義	単　位
有効電力 P (active power)	$\|\dot{V}\|\|\dot{I}\|\cos\theta^\dagger$	W (ワット)
無効電力 Q (reactive power)	$\|\dot{V}\|\|\dot{I}\|\sin\theta^\dagger$	var (バール)
皮相電力 $\|\dot{S}\|$ (apparent power)	$\|\dot{V}\|\|\dot{I}\|$	VA (ボルトアンペア)

† θ は電流 $\dot{I}$ と電圧 $\dot{V}$ の位相差で，$\cos\theta = \dfrac{\text{有効電力}\ P}{\text{皮相電力}\ |\dot{S}|}$ を**力率**と呼ぶ．

例題2.1

図2.1に示す抵抗とインダクタの直列回路の負荷について，有効電力，無効電力，皮相電力を求めよ．

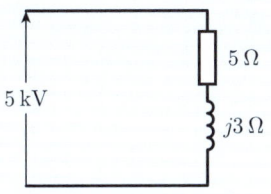

図2.1 直列回路の例

【解答】 印加した電圧を位相の基準にしよう．流れる電流は

$$\dot{I} = \frac{5}{5+j3} = 0.735 - j0.441 = 0.857 \angle -0.54 \text{ kA}$$

すなわち，$\theta = -0.54 \text{ rad} = -34.9°$

以上から，負荷で消費される有効電力，無効電力および皮相電力は以下のようになる．

$$P = 3.68 \text{ MW}, \quad Q = 2.21 \text{ Mvar}, \quad |\dot{S}| = 4.29 \text{ MVA}$$ ∎

2.1.3 複素電力

図2.2に示す回路において，電圧 $\dot{V}$，電流 $\dot{I}$ が次のように表されるとしよう．

$$\dot{V} = V_\mathrm{m} e^{j\theta_V} = V_\mathrm{m} \angle \theta_V$$
$$\dot{I} = I_\mathrm{m} e^{j\theta_I} = I_\mathrm{m} \angle \theta_I$$

今，複素電力 $\dot{S}$ を次式で定義する．

$$\dot{S} = \dot{V}\dot{I}^* \tag{2.2}$$

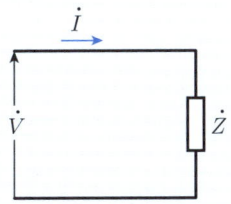

図2.2 回路の例

ここで，$\dot{I}^*$ は電流 $\dot{I}$ の複素共役を表す．
$\dot{S} = V_\mathrm{m} I_\mathrm{m} e^{j(\theta_V - \theta_I)}$ となるので，$\theta = \theta_V - \theta_I$ とすると

$$\dot{S} = \underbrace{V_\mathrm{m} I_\mathrm{m} \cos\theta}_{\text{実部}} + j\underbrace{V_\mathrm{m} I_\mathrm{m} \sin\theta}_{\text{虚部}} = P + jQ \tag{2.3}$$

すなわち，複素電力の実部が有効電力，虚部が無効電力を表す．

これらを複素平面上に描くと**図2.3**のように有効電力 P，無効電力 Q，皮相電力 $\dot{S}$ は直角三角形として表される．これは**電力三角形**と呼ばれる．

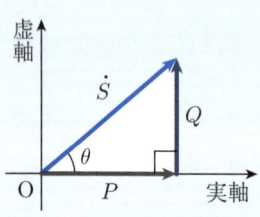

図2.3 複素電力と有効電力，無効電力の関係

■ 例題2.2 ■

例題 2.1 について，複素電力を求めよ．

【解答】

$$\dot{I} = \frac{5}{5 + j3} = 0.735 - j0.441 \text{ kA}$$

よって

$$\dot{S} = \dot{V}\dot{I}^* = 5(0.735 - j0.441)^* = 3.68 + j2.21 \text{ MVA}$$

これから，有効電力は $\dot{S}$ の実部なので 3.68 MW，無効電力は $\dot{S}$ の虚部なので 2.21 Mvar となり，例題 2.1 と同じである．

2.2 平衡三相交流

2.2.1 平衡三相交流電圧

平衡（対称）三相交流送電系統の基本的構成として，図2.4 に示す回路を考える．各相の起電力の大きさは等しく，位相差はそれぞれ $\frac{2}{3}\pi$（120°）であり，相順を反時計回りに a, b, c とする．

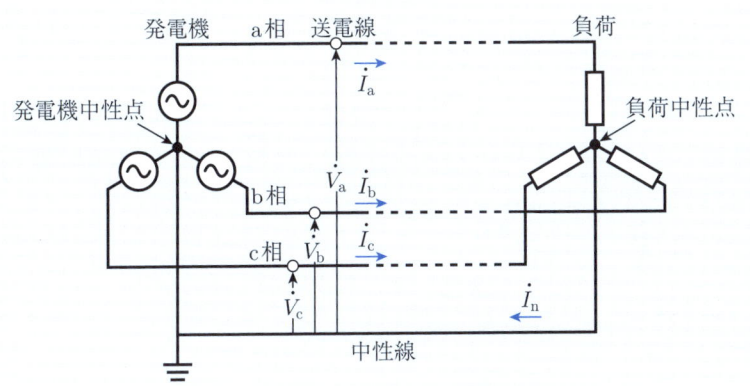

図2.4　三相交流回路

相電圧 (phase voltage) は端子と中性点（一般的に，接地されている）の間の電圧で，$\dot{V}_a, \dot{V}_b, \dot{V}_c$ で表す．a 相の相電圧 $\dot{V}_a$ の位相を基準とし，相電圧の実効値を V_p とすれば，各相の電圧は

$$\begin{cases} \dot{V}_a = V_p e^{j0} = V_p \angle 0 \\ \dot{V}_b = V_p e^{j\frac{2}{3}\pi} = V_p \angle \frac{2}{3}\pi \\ \dot{V}_c = V_p e^{j\frac{4}{3}\pi} = V_p \angle \frac{4}{3}\pi \end{cases} \quad (2.4)$$

と表される．相電圧どうしの関係は図2.5 のようになる．

相間の電圧は**線間電圧** (line voltage) と呼ばれる．相電圧と線間電圧には次の関係があり図2.5 のようになる．

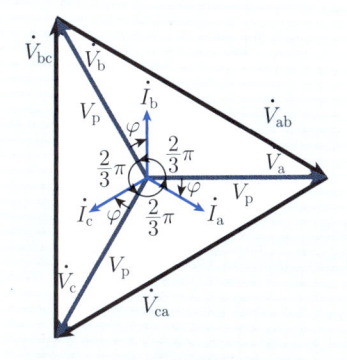

図2.5　平衡三相交流回路の電圧と電流の関係

$$\begin{cases} \dot{V}_{\mathrm{ab}} = \dot{V}_{\mathrm{a}} - \dot{V}_{\mathrm{b}} \\ \dot{V}_{\mathrm{bc}} = \dot{V}_{\mathrm{b}} - \dot{V}_{\mathrm{c}} \\ \dot{V}_{\mathrm{ca}} = \dot{V}_{\mathrm{c}} - \dot{V}_{\mathrm{a}} \end{cases} \tag{2.5}$$

ここで，$\dot{V}_{xy}$ は x 相と y 相の間の電圧である．

$$\begin{aligned} \dot{V}_{\mathrm{ab}} &= V_{\mathrm{p}} - V_{\mathrm{p}} e^{j\frac{2}{3}\pi} = V_{\mathrm{p}} \frac{3 - j\sqrt{3}}{2} = \sqrt{3}\, V_{\mathrm{p}} e^{j(-\frac{\pi}{6})} \\ \dot{V}_{\mathrm{bc}} &= V_{\mathrm{p}} e^{j\frac{2}{3}\pi} - V_{\mathrm{p}} e^{j\frac{4}{3}\pi} = \sqrt{3}\, V_{\mathrm{p}} e^{j(\frac{2}{3}\pi - \frac{\pi}{6})} \\ \dot{V}_{\mathrm{ca}} &= V_{\mathrm{p}} e^{j\frac{4}{3}\pi} - V_{\mathrm{p}} = \sqrt{3}\, V_{\mathrm{p}} e^{j(\frac{4}{3}\pi - \frac{\pi}{6})} \end{aligned} \tag{2.6}$$

このように平衡三相回路において，線間電圧の大きさは相電圧の大きさの $\sqrt{3}$ 倍である．また，ab 相，bc 相，ca 相の位相は a 相，b 相，c 相の位相からそれぞれ $\frac{\pi}{6}$ 遅れている．

電力システムでは，**定格電圧**をいうときには線間電圧を用い，送電線の電圧は線間電圧をいう．例えば，275 kV 送電線という場合，線間電圧が 275 kV で，相電圧は $\frac{275}{\sqrt{3}}$ kV である．

2.2.2 平衡三相交流電流

図2.4 に示した回路の送電線を流れる電流は**相電流（線電流）**（phase current）と呼ばれる．平衡三相交流電源から供給される負荷が対称で平衡しているならば，すなわち負荷インピーダンスが等しければ，3 つの相電流は三相平衡である．

a 相の相電圧 $\dot{V}_{\mathrm{a}}$ の位相を基準に選ぶと，各相の電流 $\dot{I}_{\mathrm{a}}, \dot{I}_{\mathrm{b}}, \dot{I}_{\mathrm{c}}$ は

$$\begin{cases} \dot{I}_{\mathrm{a}} = I_{\mathrm{p}} \angle -\varphi \\ \dot{I}_{\mathrm{b}} = I_{\mathrm{p}} \angle \left(\frac{2}{3}\pi - \varphi \right) = I_{\mathrm{p}} \angle (120° - \varphi) \\ \dot{I}_{\mathrm{c}} = I_{\mathrm{p}} \angle \left(\frac{4}{3}\pi - \varphi \right) = I_{\mathrm{p}} \angle (240° - \varphi) \end{cases} \tag{2.7}$$

と表される．ここで，I_{p} は相電流の実効値で，位相角 φ は負荷インピーダンスによって決まる．相電流と相電圧の関係は 図2.5 のようになる．

図2.4 の**中性線**を流れる**帰路電流** $\dot{I}_{\mathrm{n}}$ は 3 つの相電流の和である．平衡している各相電流の和は

$$\dot{I}_{\mathrm{n}} = \dot{I}_{\mathrm{a}} + \dot{I}_{\mathrm{b}} + \dot{I}_{\mathrm{c}} = 0 \tag{2.8}$$

であるから，中性線を電流は流れず送電線は不要である．したがって，実際の系統では，発電機の**中性点**，負荷の中性点が**接地**（grounding）され，図2.6 のようになる．

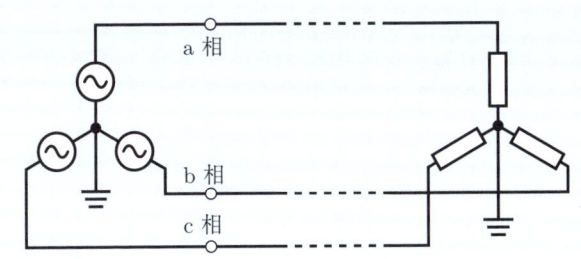

図2.6 平衡三相交流回路

2.2.3 Y結線，△結線

図2.7 (a) に示された三相負荷は **Y 結線**（**Y 接続**）（ワイあるいはスターと読む）と呼ばれ，図2.7 (b) に示す三相負荷は **△ 結線**（**△ 接続**）（デルタと読む）と呼ばれる．

今，図2.8 に示すように負荷インピーダンスが △ 結線された場合，負荷インピーダンスを流れる電流と相電流の関係を求めよう．

ab 相間のインピーダンスには線間電圧 $\dot{V}_{ab}$ が加わっている．よって，ab 相間のインピーダンスを流れる電流 $\dot{I}_{ab}$ は，相電圧 $\dot{V}_a$ を基準にとると，図2.9 のように負荷インピーダンスによって決まる位相角 φ だけ遅れて表される．$\dot{I}_{bc}, \dot{I}_{ca}$ についても同様に図2.9 に表される．これら $\dot{I}_{ab}, \dot{I}_{bc}, \dot{I}_{ca}$ は **△ 電流**と呼ばれる．

次に，相電流と △ 電流の関係を求めよう．図2.8 から明らかなように

$$\begin{cases} \dot{I}_a = \dot{I}_{ab} - \dot{I}_{ca} \\ \dot{I}_b = \dot{I}_{bc} - \dot{I}_{ab} \\ \dot{I}_c = \dot{I}_{ca} - \dot{I}_{bc} \end{cases} \quad (2.9)$$

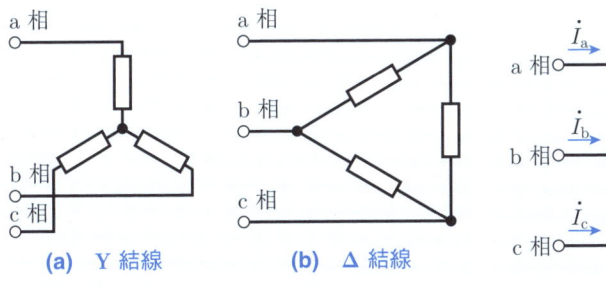

図2.7 Y 結線と △ 結線

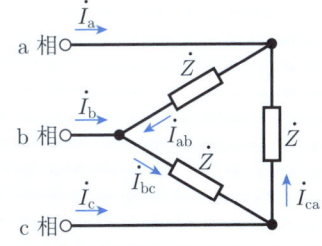

図2.8 相電流と △ 電流

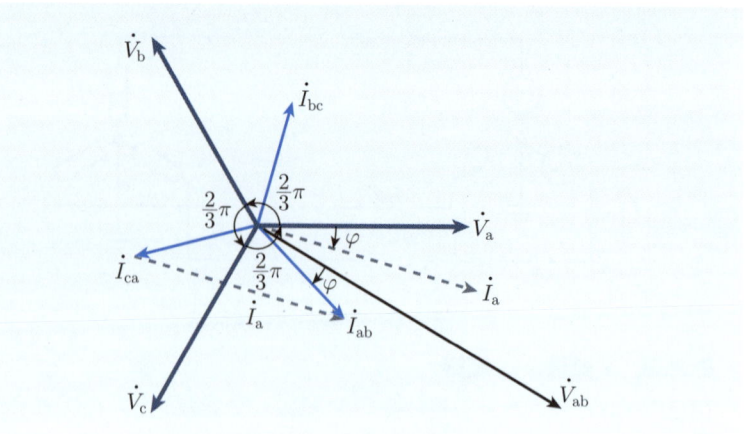

図2.9　相電流と △ 電流の関係

であるから，各相電流も 図2.9 のように表される．

図2.9 からもわかるように，△ 電流の位相は線間電圧の位相より負荷インピーダンスによって決まる位相角 φ だけ遅れる．また，$\dot{V}_{ab}$ は $\dot{V}_a$ より $\frac{\pi}{6}$（30°）遅れているので，$\dot{I}_{ab}$ は $\dot{I}_a$ より $\frac{\pi}{6}$ 遅れている．さらに，$\dot{I}_{ca}$ は $\dot{I}_{ab}$ より $\frac{2\pi}{3}$（120°）遅れているので

$$|\dot{I}_a| = 2|\dot{I}_{ab}|\cos\frac{\pi}{3} = \sqrt{3}\,|\dot{I}_{ab}| \tag{2.10}$$

すなわち，相電流の大きさは △ 電流の大きさの $\sqrt{3}$ 倍になる．

△-Y 変換

△ 結線のインピーダンスを等価な Y 結線のインピーダンスで置き換えることを **△-Y 変換** という．等価であるとは，図2.10 (a) の Y 結線の端子間のインピーダンスと 図2.10 (b) の △ 結線の対応する端子間のインピーダンスが等しいことである．

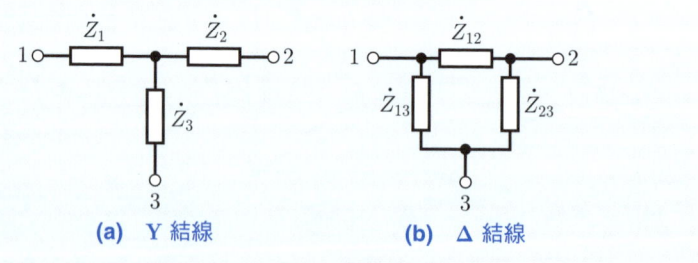

図2.10　△-Y 変換

■ 例題2.3 ■

図2.11 に示す Y 結線と Δ 結線が等価であるとき，Y 結線のインピーダンス $\dot{Z}_Y$ と Δ 結線のインピーダンス $\dot{Z}_\Delta$ の関係を求めよ．

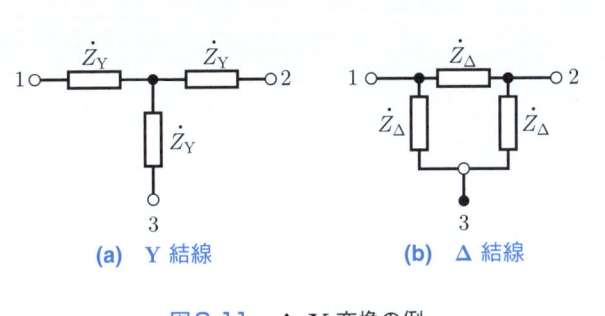

図2.11　Δ-Y 変換の例

【解答】　図2.11 (a) の端子 1, 2 間のインピーダンスは $2\dot{Z}_Y$ となる．

一方，図2.11 (b) の端子 1, 2 間のインピーダンスは $\dot{Z}_\Delta$ と $2\dot{Z}_\Delta$ の並列になるので，$\frac{2}{3}\dot{Z}_\Delta$ となる．

等価であるということは，この両者が等しいので

$$2\dot{Z}_Y = \frac{2}{3}\dot{Z}_\Delta$$

よって

$$\dot{Z}_Y = \frac{1}{3}\dot{Z}_\Delta$$

なお，このとき，他の端子間のインピーダンスも等しくなっている．■

Δ に結線された 3 個のインピーダンス $\dot{Z}_\Delta$ は，Y 結線された $\frac{1}{3}\dot{Z}_\Delta$ のインピーダンスと等価である．このように Δ 結線回路を Y 結線回路に変換することができる．

2.2.4　平衡三相回路の解析

図2.6 に示す平衡三相回路の解析は，図2.12 に示す a 相の単相回路を解析すればよい．すなわち，単相回路の電圧と電流が平衡三相回路の相電圧，相電流に相当する．

また，電力に関しても，平衡三相回路が送る電力は単相回路が送る電力の 3 つ分に相当する．すなわち，三相複素電力 $\dot{S}_{3\varphi}$ は単相複素電力 $\dot{S}_{1\varphi}$ を用いて

$$\dot{S}_{3\varphi} = 3\dot{S}_{1\varphi} \tag{2.11}$$

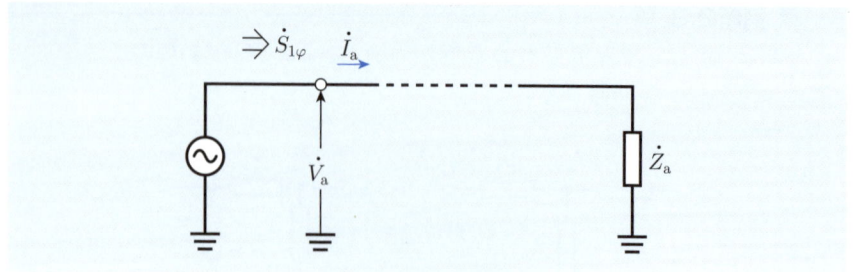

図2.12　単相回路

なお，負荷インピーダンスが Δ 結線の場合でも，前項の例題 2.3 のように Y 結線に変換できるので，同じように解析できる．

■ **例題2.4** ■

三相送電線の 1 相のインピーダンスを $\dot{Z}_p = 5 + j50\ \Omega$ とする．送電端の三相電力は $\dot{S}_{3\varphi s} = 210 + j60$ MVA，線間電圧を 275 kV とする．受電端の電圧と電力を求めよ．

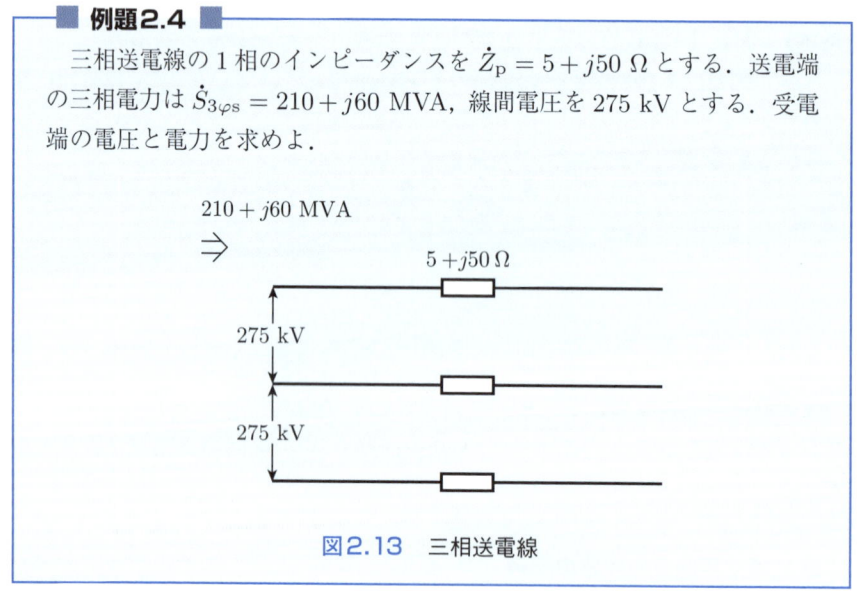

図2.13　三相送電線

【解答】　a 相について解析を行う．基準位相として送電端の a 相電圧を選ぶ．すなわち

$$\dot{V}_{\mathrm{as}} = \frac{275}{\sqrt{3}} \angle 0 = 158.8 \angle 0\ \mathrm{kV}$$

送電端の 1 相あたりの電力は

$$\dot{S}_{1\varphi s} = \frac{210 + j60}{3} = 70 + j20\ \mathrm{MVA}$$

となる．相電流を $\dot{I}_\mathrm{a}$ kA とすると，複素電力の公式 $\dot{S}_{1\varphi\mathrm{s}} = \dot{V}_\mathrm{as}\dot{I}_\mathrm{a}^*$ から

$$70 + j20 = \frac{275}{\sqrt{3}}\dot{I}_\mathrm{a}^*$$

よって，$\dot{I}_\mathrm{a} = 0.441 - j0.126$ kA

受電端の相電圧は

$$\begin{aligned}\dot{V}_\mathrm{ar} &= \dot{V}_\mathrm{as} - \dot{I}_\mathrm{a}\dot{Z}_\mathrm{p} \\ &= 158.8 - (0.441 - j0.126)(5 + j50) = 150.3 - j21.4 \\ &= 151.8\angle -0.141 = 151.8\angle -8.08° \text{ kV}\end{aligned}$$

すなわち，受電端の線間電圧は $151.8\sqrt{3} = 263$ kV

受電端の単相電力 $\dot{S}_{1\varphi\mathrm{r}}$ は

$$\begin{aligned}\dot{S}_{1\varphi\mathrm{r}} &= \dot{V}_\mathrm{ar}\dot{I}_\mathrm{a}^* = (150.3 - j21.4)(0.441 + j0.126) \\ &= 69.0 + j9.50 \text{ MVA}\end{aligned}$$

よって (2.11) 式を用いて

$$\dot{S}_{3\varphi\mathrm{r}} = 3\dot{S}_{1\varphi\mathrm{r}} = 207 + j28.5 \text{ MVA}$$

このように，三相回路の解析も単相回路と同様行うことができるが

$$\text{三相電力} \Leftrightarrow \text{単相電力},$$
$$\text{線間電圧} \Leftrightarrow \text{相電圧}$$

の変換が必要である．

なお，3 章の単位法を用いることにより，解析に際してはこのような変換は不要となる．

2章の問題

2.1 インピーダンスが $5 - j2\ \Omega$ の負荷の両端に，60 Hz，実効値 10 kV の電圧が印加されている．この負荷の有効電力，無効電力を求めよ．

2.2 (1) 平衡三相回路において，$\dot{Z} = Z_L e^{j(1/3)\pi}$ なるインピーダンスが Y 結線されている．このとき，a, b, c 相の相電圧と相電流（線電流）の関係（ベクトル図）を示せ．大きさは適当に設定すること．

(2) 平衡三相回路において，$\dot{Z} = Z_L e^{j(1/3)\pi}$ なるインピーダンスが Δ 結線されている．このとき，a, b, c 相の相電圧と相電流（線電流），負荷インピーダンスを流れる Δ 電流の関係（ベクトル図）を示せ．大きさは適当に設定すること．

2.3 線間電圧 100 kV の母線につながれた Y 結線負荷の三相電力は有効電力が 30 MW，無効電力が 9 Mvar である．a 相の相電流を求めよ．ただし母線の a 相の相電圧を位相の基準にとること．

2.4 端子 1, 2, 3 間のインピーダンスは図 2.14 (a), (b) で等しい．すなわち，等価である．$\dot{Z}_1, \dot{Z}_2, \dot{Z}_3$ を $\dot{Z}_{12}, \dot{Z}_{23}, \dot{Z}_{31}$ を用いて表せ．

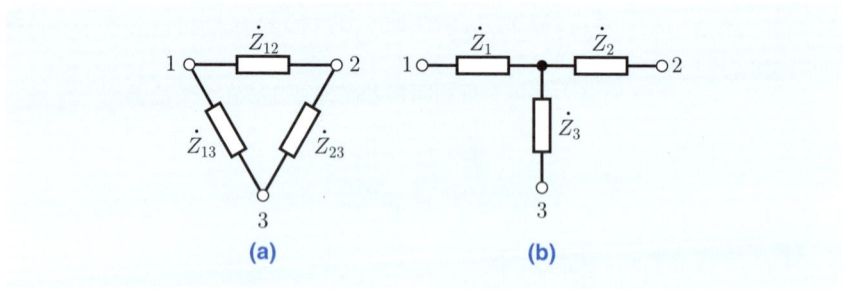

図 2.14 Δ-Y 変換

2.5 送電端の線間電圧 300 kV の平衡三相送電線において，1 相あたりのインピーダンスは $2 + j30\ \Omega$ である．送電端の三相電力は $\dot{S} = 180 + j30$ MVA である．このとき受電端の三相電力と電圧を求めよ．

第3章

送電系統

　電力システムも面的に広がった電気回路である．よって，送電線，変圧器といった送電系統を構成する機器の等価回路がわかれば，回路計算をすることが可能となる．

　等価回路とは，対象とする電気機器と全く同じ電気的動作を示すような電気回路のことである．

　本章では，送電線，変圧器の等価回路について説明するとともに，電力システムの解析を容易にする単位法についても説明する．

3.1 変圧器の等価回路

3.1.1 二巻線変圧器

図3.1 に示すような二巻線変圧器を考える．磁気回路を形成する鉄心と鉄心にまかれた二組の巻線，すなわち，一次巻線と二次巻線から構成される．それぞれの巻線を流れる電流を i [A]，巻線の両端の電位差を v [V]，巻線に鎖交する磁束を ψ [Wb] とする．

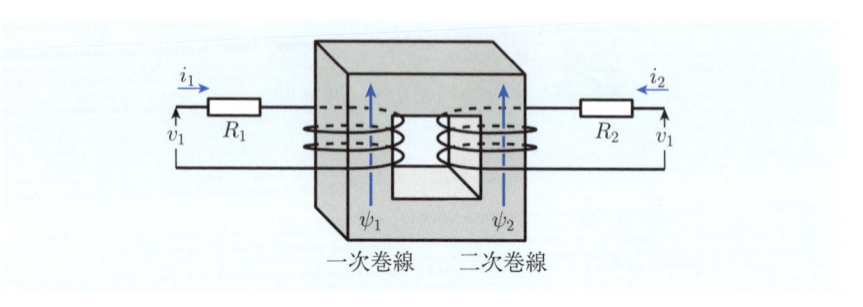

図3.1 二巻線変圧器

一次側，二次側の方程式は次のようになる．

$$\begin{cases} v_1 = i_1 R_1 + \dfrac{d\psi_1}{dt} \\ v_2 = i_2 R_2 + \dfrac{d\psi_2}{dt} \end{cases} \tag{3.1}$$

ここで R_1 と R_2 は巻線の抵抗 [Ω] を表す．

鉄心には磁気飽和やヒステリシスがあるので，厳密には，鎖交磁束と電流には線形の関係式が成り立たない（電流の値が変わると比例定数であるインダクタンスが変化する）．しかし，電力システムにおける問題を解析する際には，線形と考えて差し支えない．すなわち，鎖交磁束 ψ_1, ψ_2 と一次，二次巻線を流れる電流 i_1, i_2 は以下のように表される．

$$\begin{cases} \psi_1 = L_1 i_1 + M_{12} i_2 \\ \psi_2 = M_{21} i_1 + L_2 i_2 \end{cases} \tag{3.2}$$

ここで，L_1, L_2 は一次，二次巻線の**自己インダクタンス**，$M_{12} = M_{21}$ は**相互インダクタンス**を表す．これらは定数で単位は [H] である．

電力システムにおいては，電流，鎖交磁束，電圧が商用周波数（50 Hz または 60 Hz）の正弦波状に変化すると仮定できる．そこで，交流回路理論で用い

3.1 変圧器の等価回路

るのと同様複素表現すると，(3.1)式, (3.2)式から

$$\begin{cases} \dot{V}_1 = \dot{I}_1 R_1 + j\omega(L_1 \dot{I}_1 + M_{12}\dot{I}_2) = (R_1 + j\omega L_1)\dot{I}_1 + j\omega M_{12}\dot{I}_2 \\ \dot{V}_2 = \dot{I}_2 R_2 + j\omega(M_{21}\dot{I}_1 + L_2 \dot{I}_2) = j\omega M_{21}\dot{I}_1 + (R_2 + j\omega L_2)\dot{I}_2 \end{cases} \quad (3.3)$$

のように表すことができる．ここでは，商用角周波数を ω で表す．

今，比 r を (3.4) 式で定義する．

$$r = \frac{M_{12}}{L_2} \quad (3.4)$$

(3.3) 式は (3.4) 式を用いて，次のように変形できる．

$$\begin{cases} \dot{V}_1 = \left\{ R_1 + j\omega \left(L_1 - \frac{M_{12}^2}{L_2} \right) \right\} \dot{I}_1 + j\omega r^2 L_2 \left(\dot{I}_1 + \frac{\dot{I}_2}{r} \right) \\ r\dot{V}_2 = j\omega r^2 L_2 \left(\dot{I}_1 + \frac{\dot{I}_2}{r} \right) + r^2 R_2 \left(\frac{\dot{I}_2}{r} \right) \end{cases} \quad (3.5)$$

■ **例題3.1** ■

(3.5) 式を導け．

【解答】 $\dot{V}_1 = (R_1 + j\omega L_1)\dot{I}_1 - j\omega \frac{M_{12}^2}{L_2}\dot{I}_1 + j\omega \frac{M_{12}^2}{L_2}\dot{I}_1 + j\omega M_{12}\dot{I}_2$

$$= \left\{ R_1 + j\omega \left(L_1 - \frac{M_{12}^2}{L_2} \right) \right\} \dot{I}_1 + j\omega \frac{M_{12}^2}{L_2^2} L_2 \left(\dot{I}_1 + \frac{L_2}{M_{12}}\dot{I}_2 \right)$$

$\frac{M_{12}}{L_2} = r$ を代入して

$$= \left\{ R_1 + j\omega \left(L_1 - \frac{M_{12}^2}{L_2} \right) \right\} \dot{I}_1 + j\omega r^2 L_2 \left(\dot{I}_1 + \frac{\dot{I}_2}{r} \right)$$

$$\dot{V}_2 = j\omega M_{21}\dot{I}_1 + j\omega L_2 \dot{I}_2 + R_2 \dot{I}_2$$

$$= j\omega \frac{M_{21}}{L_2} L_2 \left(\dot{I}_1 + \frac{L_2}{M_{21}}\dot{I}_2 \right) + R_2 \dot{I}_2$$

$\frac{M_{21}}{L_2} = r$ を代入して

$$= j\omega r L_2 \left(\dot{I}_1 + \frac{\dot{I}_2}{r} \right) + R_2 \dot{I}_2$$

$$\therefore \quad r\dot{V}_2 = j\omega r^2 L_2 \left(\dot{I}_1 + \frac{\dot{I}_2}{r} \right) + r^2 R_2 \left(\frac{\dot{I}_2}{r} \right)$$

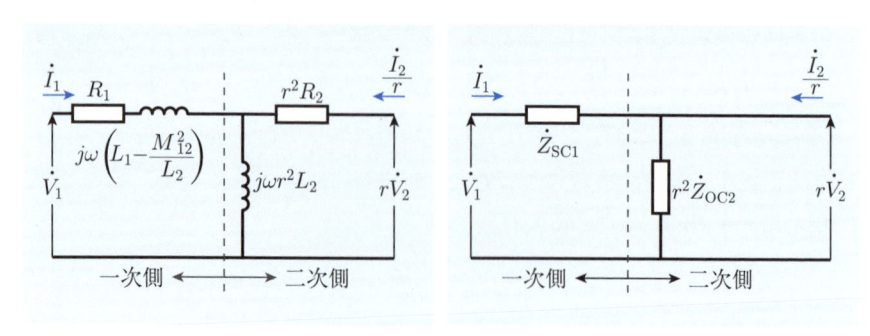

図 3.2 二巻線変圧器の等価回路 (1)　　**図 3.3** 二巻線変圧器の等価回路 (2)

3.1.2　二巻線変圧器の等価回路

(3.5) 式の等価回路は図 3.2 のように表すことができる．ここでは，便宜的に図中に示すように一次，二次を定義する．一般に，電力システムで用いられる変圧器の抵抗 R はリアクタンス ωL に比べて非常に小さいので，近似的に図 3.2 の二次側の $r^2 R_2$ を一次側に移す．

一次側を開放したとき，二次側から見たインピーダンス（これを**開放インピーダンス**と呼び，$\dot{Z}_{\mathrm{OC2}}$ で表す）は $\dot{Z}_{\mathrm{OC2}} = \dot{V}_2/\dot{I}_2$ である．また，図 3.2 を用いて一次側を開放したときに，二次側から見たインピーダンスは二次側の $r^2 R_2$ を一次側に移しているので $j\omega r^2 L_2$ である．一方，これを二次側から見た電圧と電流の比で計算すると

$$\frac{r\dot{V}_2}{\dfrac{\dot{I}_2}{r}} = r^2 \frac{\dot{V}_2}{\dot{I}_2} = r^2 \dot{Z}_{\mathrm{OC2}} \tag{3.6}$$

となるので，結局 $\dot{Z}_{\mathrm{OC2}} = j\omega L_2$ となる．

次に，二次側を短絡したとき，一次側から見たインピーダンス（これを**短絡インピーダンス**と呼び，$\dot{Z}_{\mathrm{SC1}}$ で表す）を図 3.2 の等価回路から求めると

$$\dot{Z}_{\mathrm{SC1}} = (R_1 + r^2 R_2) + j\omega\left(L_1 - \frac{M_{12}^2}{L_2}\right) \tag{3.7}$$

となる．すなわち，図 3.2 の等価回路は $\dot{Z}_{\mathrm{OC2}}, \dot{Z}_{\mathrm{SC1}}$ を用いて，図 3.3 のように表すことができる．この等価回路の回路方程式は次のようになる．

$$\begin{cases} \dot{V}_1 = \dot{I}_1 \dot{Z}_{\mathrm{SC1}} + r^2 \dot{Z}_{\mathrm{OC2}}\left(\dot{I}_1 + \dfrac{\dot{I}_2}{r}\right) \\ r\dot{V}_2 = \left(\dot{I}_1 + \dfrac{\dot{I}_2}{r}\right) r^2 \dot{Z}_{\mathrm{OC2}} \end{cases} \tag{3.8}$$

3.1 変圧器の等価回路

補足 2つの端子を切り離したままの状態をこの端子は**開放**されているといい，2つの端子を直接に接続した状態を**短絡**されているという．

ここで，**理想変圧器**（短絡インピーダンスが0で開放インピーダンスが無限大）を考えよう．(3.8)式において，$\dot{Z}_{\text{OC2}} = \infty$，$\dot{Z}_{\text{SC1}} = 0$として，2つの式の比をとると

$$\frac{\dot{V}_1}{r\dot{V}_2} = 1 \tag{3.9}$$

となる．すなわち，電圧比 $\frac{\dot{V}_1}{\dot{V}_2} = r$ となる．

ここで，二次の巻線に i_2 なる電流を流そう．このとき，鉄心の磁気抵抗は大気の磁気抵抗より圧倒的に小さいので磁束はすべて鉄心内部を通り，一次，二次の巻線が完全に結合されている，すなわち，一方の巻線に鎖交する磁束 φ はすべて他方の巻線に鎖交すると考えることができる．磁束の大きさは等しいので，それぞれの巻線に鎖交する磁束 ψ は次のように表される．

$$\begin{cases} \psi_1 = \varphi n_1 \\ \psi_2 = \varphi n_2 \end{cases} \tag{3.10}$$

ここで，n_1, n_2 は一次，二次巻線の巻数を表す．

一方，インダクタンスの定義から (3.11) 式が成り立つ．

$$\begin{cases} \psi_1 = M_{12} i_2 \\ \psi_2 = L_2 i_2 \end{cases} \tag{3.11}$$

すなわち，(3.10), (3.11) 式から

$$\begin{cases} \varphi n_1 = M_{12} i_2 \\ \varphi n_2 = L_2 i_2 \end{cases} \tag{3.12}$$

(3.12) 式の両辺の比をとれば

$$\frac{n_1}{n_2} = \frac{M_{12}}{L_2}$$

すなわち**巻線比**が r となる．

以上から，理想変圧器においては，一次，二次の電圧比は巻線比に等しいということがわかる．実際の電力用変圧器は理想変圧器ではないが，$\dot{Z}_{\text{OC2}}$ は十分に大きく，$\dot{Z}_{\text{SC1}}$ は十分に小さいとみなして差し支えない．ちなみに，変圧器の銘板に記載されている電圧は開放状態における一次，二次の定格値（これを**定格電圧**と呼ぶ）を示しており，その比は巻線比に等しいとみなすことができる．

3.2 単位法

電力システムの解析を行う際には，電圧，電流，インピーダンスについて，[V]，[A]，[Ω] を使う代わりに，それぞれの**基準値**（ベース値）の割合を用いる．これを**単位法**（per unit system）と呼び，単位は無次元となる．例えば，電圧の基準値を 10 V にとれば，50 V は $\frac{50}{10} = 5$ となる．単位法であるということを明示するために，5 pu と表記することもある．

基準値の設定は任意であるが，単位法を用いてもオームの法則をはじめとする基本法則が成り立つように選ぶ必要がある．

交流回路におけるオームの法則は

$$\dot{V} = \dot{Z}\dot{I} \tag{3.13}$$

となる．$\dot{V}, \dot{I}, \dot{Z}$ の単位は [V], [A], [Ω] である．電圧，電流，インピーダンスの基準値をそれぞれ $V_{\text{base}}, I_{\text{base}}, Z_{\text{base}}$ とすれば，単位法で表現した電圧 $\dot{V}_{\text{p}}$，電流 $\dot{I}_{\text{p}}$，インピーダンス $\dot{Z}_{\text{p}}$ は次のようになる．

$$\dot{V}_{\text{p}} = \frac{\dot{V}}{V_{\text{base}}}, \quad \dot{I}_{\text{p}} = \frac{\dot{I}}{I_{\text{base}}}, \quad \dot{Z}_{\text{p}} = \frac{\dot{Z}}{Z_{\text{base}}} \tag{3.14}$$

単位法でもオームの法則が成立するためには

$$\dot{V}_{\text{p}} = \dot{I}_{\text{p}}\dot{Z}_{\text{p}}$$

すなわち

$$\frac{\dot{V}}{V_{\text{base}}} = \frac{\dot{I}}{I_{\text{base}}}\frac{\dot{Z}}{Z_{\text{base}}}$$

が成り立たなければならないので，基準値の間に

$$V_{\text{base}} = I_{\text{base}} Z_{\text{base}} \tag{3.15}$$

なる関係が成り立つ必要がある．

有効電力 P，無効出力 Q についても

$$\begin{cases} P = VI\cos\varphi \\ Q = VI\sin\varphi \end{cases} \quad \text{ここで，}\varphi \text{は電圧 }V\text{ と電流 }I\text{ の位相差である．}$$

となるから，**容量**（ボルト・アンペア）の基準値として $(VA)_{\text{base}}$ を定義すれば，次のような関係式が成り立つ．

$$(VA)_{\text{base}} = V_{\text{base}} I_{\text{base}} \tag{3.16}$$

アドミタンスについても，基準値として Y_{base} は次のような関係式が成り立たなければならない．

$$Y_{\text{base}} = \frac{1}{Z_{\text{base}}} \tag{3.17}$$

3.3 単位法を用いた変圧器の等価回路

図3.3 に示す変圧器の等価回路に対して，一次側，二次側それぞれ独立に $V_{1\text{base}}, V_{2\text{base}}, I_{1\text{base}}, I_{2\text{base}}, Z_{1\text{base}}, Z_{2\text{base}}$ の 6 つの基準値を設定する．その際，それぞれの一次側，二次側の基準値に対して，(3.15) 式の関係式，つまり

$$\begin{cases} V_{1\text{base}} = I_{1\text{base}} Z_{1\text{base}} \\ V_{2\text{base}} = I_{2\text{base}} Z_{2\text{base}} \end{cases} \tag{3.18}$$

が満足される必要がある．

(3.8) 式の第一式を (3.18) 式の第一式で，(3.8) 式の第二式を (3.18) 式の第二式でそれぞれ割る．このとき，$V_1/V_{1\text{base}}$ あるいは $I_2/I_{2\text{base}}$ のように一次側，二次側どうしの変数の割り算については，$V_{1\text{p}}, I_{2\text{p}}$ のように単位法で表される．すなわち，次のようになる．

$$\begin{cases} \dot{V}_{1\text{p}} = \dot{I}_{1\text{p}} \dot{Z}_{\text{SC1p}} + \left(\dot{I}_{1\text{p}} + \dfrac{\dot{I}_2}{rI_{1\text{base}}} \right) r^2 \dfrac{\dot{Z}_{\text{OC2}}}{Z_{1\text{base}}} \\ \dot{V}_{2\text{p}} = \left(\dfrac{r\dot{I}_1}{I_{2\text{base}}} + \dot{I}_{2\text{p}} \right) \dot{Z}_{\text{OC2p}} \end{cases} \tag{3.19}$$

今，ここで，一次側，二次側の基準値に関して

$$rI_{1\text{base}} = I_{2\text{base}}, \quad Z_{1\text{base}} = r^2 Z_{2\text{base}}$$

と定義する．このとき，(3.19) 式の第一式では

$$\dfrac{\dot{I}_2}{rI_{1\text{base}}} = \dfrac{\dot{I}_2}{I_{2\text{base}}} = \dot{I}_{2\text{p}}, \quad \dfrac{r^2 \dot{Z}_{\text{OC2}}}{Z_{1\text{base}}} = \dfrac{\dot{Z}_{\text{OC2}}}{Z_{2\text{base}}} = \dot{Z}_{\text{OC2p}}$$

と表すことができる．第二式では

$$\dfrac{r\dot{I}_1}{I_{2\text{base}}} = \dfrac{r\dot{I}_1}{rI_{1\text{base}}} = \dot{I}_{1\text{p}}$$

と表すことができる．すなわち，(3.20) 式のように単位法を用いて変圧器は表現できる．

$$\begin{cases} \dot{V}_{1\text{p}} = \dot{I}_{1\text{p}} \dot{Z}_{\text{SC1p}} + (\dot{I}_{1\text{p}} + \dot{I}_{2\text{p}}) \dot{Z}_{\text{OC2p}} \\ \dot{V}_{2\text{p}} = (\dot{I}_{1\text{p}} + \dot{I}_{2\text{p}}) \dot{Z}_{\text{OC2p}} \end{cases} \tag{3.20}$$

これは図3.4 のような等価回路として表される．

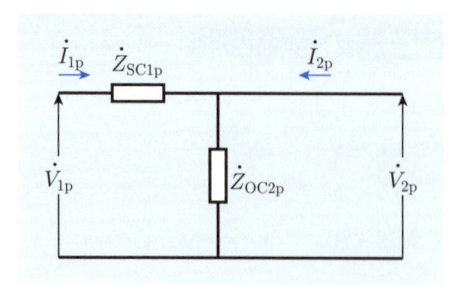

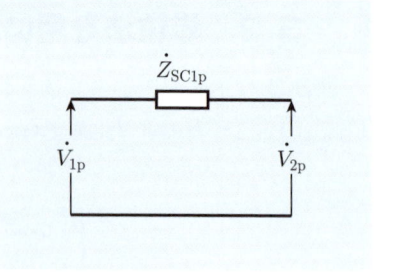

図3.4 単位法を用いた二巻線変圧器の等価回路 (1)

図3.5 単位法を用いた二巻線変圧器の等価回路 (2)

ところで，上記のように一次側，二次側の基準値を選ぶということはどのようなことであろうか．二次側の容量基準値 $(VA)_{2\text{base}}$ は

$$(VA)_{2\text{base}} = V_{2\text{base}} I_{2\text{base}} = I_{2\text{base}}^2 Z_{2\text{base}}$$

$$= \frac{r^2 I_{1\text{base}}^2 Z_{1\text{base}}}{r^2}$$

$$= I_{1\text{base}}^2 Z_{1\text{base}}$$

$$= (VA)_{1\text{base}}$$

となり，一次側，二次側の容量の基準値は等しいということになる．また

$$\frac{V_{1\text{base}}}{V_{2\text{base}}} = \frac{\dfrac{(VA)_{1\text{base}}}{I_{1\text{base}}}}{\dfrac{(VA)_{2\text{base}}}{I_{2\text{base}}}} = \frac{I_{2\text{base}}}{I_{1\text{base}}} = \frac{rI_{1\text{base}}}{I_{1\text{base}}} = r$$

となり，一次，二次の電圧の基準値の比が r になる．もちろん，一次側の電圧の基準値を任意に決定し，二次側の電圧の基準値を比が r になるように設定しても差し支えない．しかし，もともとは，変圧器の定格電圧の比が r であるので，一次，二次の定格電圧を電圧の基準値にとるのが自然である．

以上まとめると

① 一次側，二次側の電圧の基準値を変圧器の定格電圧にとり，

② 一次側，二次側の容量の基準値を等しく設定

すれば，変圧器の等価回路は 図3.4 のように表現されるということである．

さらに，$\dot{Z}_{\text{OC2p}}$ は非常に大きく，無視しても差し支えない．このとき単位法で表現した変圧器は 図3.5 のように，$\dot{Z}_{\text{SC1p}}$ の直列インピーダンスのみで表現できることになる．

3.3 単位法を用いた変圧器の等価回路

前述のように，容量の基準値は解析する系統で一つに決める必要がある．一般に，変圧器のインピーダンスは**自己容量ベース**の単位量で与えられることが多い．自己容量ベースとは，変圧器の容量を基準値に決めたときの値で，電圧の基準値は変圧器の定格電圧を用いている．このために，異なった容量の基準値への変換が必要となる．

ある容量基準値 $(VA)_{\mathrm{OLD,base}}$ で表されたインピーダンスの単位量を $\dot{Z}_{\mathrm{OLD,p}}$ とする．新しい容量基準値を $(VA)_{\mathrm{NEW,base}}$ としたときのインピーダンスの単位量 $\dot{Z}_{\mathrm{NEW,p}}$ は，(3.21) 式のようになる．

$$\dot{Z}_{\mathrm{NEW,p}} = \frac{(VA)_{\mathrm{NEW,base}}}{(VA)_{\mathrm{OLD,base}}} \dot{Z}_{\mathrm{OLD,p}} \tag{3.21}$$

■ **例題 3.2** ■

(3.21) 式を証明せよ．

【解答】

$$Z_{\mathrm{NEW,base}} = \frac{V_{\mathrm{base}}^2}{(VA)_{\mathrm{NEW,base}}}$$

$$Z_{\mathrm{OLD,base}} = \frac{V_{\mathrm{base}}^2}{(VA)_{\mathrm{OLD,base}}}$$

インピーダンスを $Z\ [\Omega]$ とすれば

$$\dot{Z}_{\mathrm{NEW,p}} = \frac{\dot{Z}}{Z_{\mathrm{NEW,base}}} = \frac{\dot{Z}\,(VA)_{\mathrm{NEW,base}}}{V_{\mathrm{base}}^2}$$

$$\dot{Z}_{\mathrm{OLD,p}} = \frac{\dot{Z}}{Z_{\mathrm{OLD,base}}} = \frac{\dot{Z}\,(VA)_{\mathrm{OLD,base}}}{V_{\mathrm{base}}^2}$$

$$\therefore\ \dot{Z}_{\mathrm{NEW,p}} = \frac{(VA)_{\mathrm{NEW,base}}}{(VA)_{\mathrm{OLD,base}}} \dot{Z}_{\mathrm{OLD,p}}$$

3.4 送電線の等価回路

電力システムにおいては三相交流が用いられているので，送電線は3本で構成されている．ここでは3本の送電線をa, b, c相と呼ぶ．

1本の送電線a相に電流が流れるとその送電線（導体）の周りに同心円状に磁界が生じる．電流と磁界が鎖交するので，自己インダクタンスを持つことになる．また，他の送電線を流れる電流によって作られた磁界も一部a相電流と鎖交するので相互インダクタンスを持つことになる．当然送電線は抵抗を持つので，三相の送電線1組（これを1**回線**と呼ぶ）は**図3.6**のような等価回路で表される．

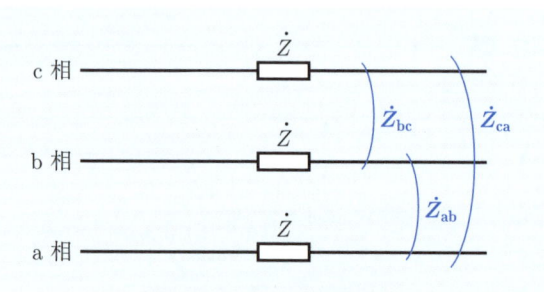

図3.6 三相送電線

ところで，三相の送電線は**図3.7**のように送電鉄塔にかけられることが多いため，相間の距離は同じでなく，相互インダクタンスは異なった値となる．一般に電力システムでは，三相が平衡するように運転される．このため，送電線の途中で相配列，例えば，下からa, b, c相の送電線が配置されていたものを鉄塔のところでb, c, a相に入れ替えるなどのことが行われる．こうすることで，等価的にすべての相互インダクタンスを同じ値にしようとするのである．このように途中で相配列を入れ替えることを**撚架**（transpose）と呼ぶ．よって，相互インダクタンスはすべての相の間で同じ，すなわち平衡していると考えて差し支えない．

注意 送電電圧が上昇するに従い，撚架を実施することは困難となる．現在では, 200 kVを越える超高圧系統では撚架は行われていない．このため，相互インダクタンスは相間で異なり，三相不平衡回路となっている．ただし，ここではあくまで簡単化のため，平衡していると考える．

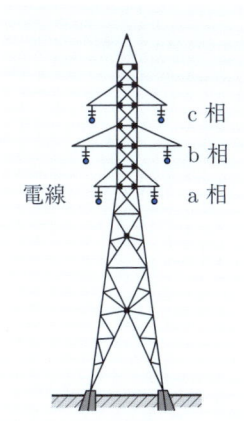

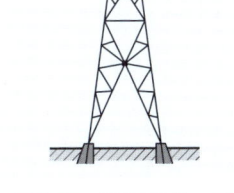

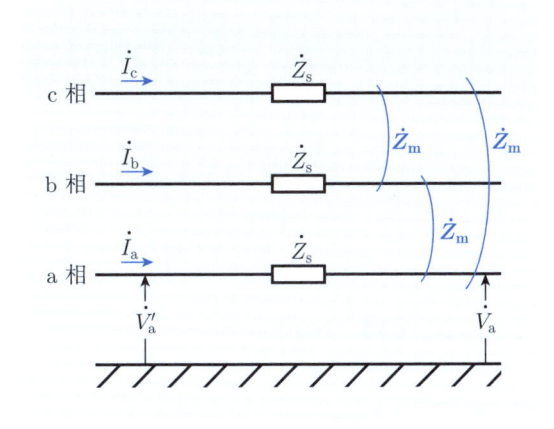

図3.7 送電鉄塔の例　　**図3.8** 平衡三相送電線 (1)

3.4.1 正相インピーダンス

今，図3.8 のような平衡三相回路を考える．この回路において各送電線の直列インピーダンス $\dot{Z}_s$ は

$$\dot{Z}_s = R + j\omega L_s$$

ここで，R は送電線の抵抗，L_s は 1 相あたりの自己インダクタンスである．一方，相互インピーダンス $\dot{Z}_m$ は

$$\dot{Z}_m = j\omega L_m$$

ここで，L_m は相間の相互インダクタンスで，いずれも等しいと考えている．

図のように，各相に大きさが同じで位相が $2\pi/3$ ずれた電流 $\dot{I}_a, \dot{I}_b, \dot{I}_c$（これを**正相電流**と呼ぶ）が流れているとき，a 相では次のような関係式が成立する．

$$\dot{V}'_a - \dot{V}_a = \dot{I}_a \dot{Z}_s + \dot{I}_b \dot{Z}_m + \dot{I}_c \dot{Z}_m$$

ここで三相が平衡しているので，$\dot{I}_a + \dot{I}_b + \dot{I}_c = 0$ を代入すると

$$= \dot{I}_a(\dot{Z}_s - \dot{Z}_m)$$

$\dot{Z}_s - \dot{Z}_m = \dot{Z}_l$ とおいて

$$= \dot{I}_a \dot{Z}_l$$

平衡している三相送電系統では，一つの相の電流のみを考えればよく，他の相の電流を考慮する必要がなく，図3.9 のような単相の回路を考えればよいことになる．ここで，$\dot{Z}_l$ を送電線の 1 相あたりの**正相インピーダンス**と呼ぶ．

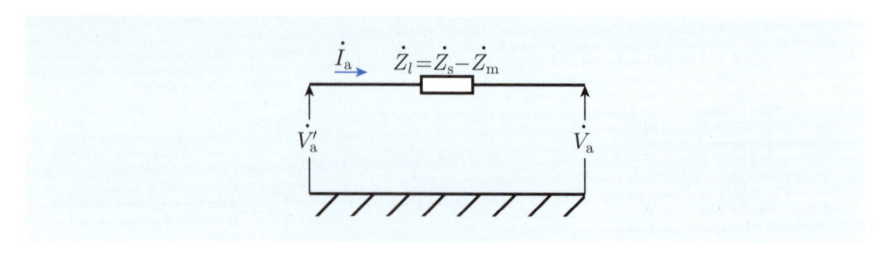

図3.9 送電線の単相等価回路（インピーダンス）

3.4.2 正相アドミタンス

　線電荷が存在しているときには，その間でキャパシタンスが存在するので，各送電線間でキャパシタンスが存在する．一方，大地も導体とみなすことができるので，線電荷，すなわち，送電線と大地の間にキャパシタンスが存在することになる．

　インダクタンスと同様，送電線の配置によりキャパシタンスの値は厳密にはすべて等しいとはみなせない．ただし，撚架により近似的に等しいとみて差し支えない．すなわち図3.10のように表すことができる．ここでは，キャパシタンスの代わりにアドミタンスで表現している．

　今，各相に大きさが同じで位相が $2\pi/3$ ずれた電圧（これを**正相電圧**と呼ぶ）を印加したときに a 相に流れる電流は次のように表される．

$$\dot{I}_a = \dot{V}'_a \dot{Y}_s + (\dot{V}'_a - \dot{V}'_b)\dot{Y}_m + (\dot{V}'_a - \dot{V}'_c)\dot{Y}_m$$

ここで，三相が平衡しているので，$\dot{V}'_a + \dot{V}'_b + \dot{V}'_c = 0$ を代入すると

$$= \dot{V}'_a(\dot{Y}_s + 3\dot{Y}_m)$$

$\dot{Y}_s + 3\dot{Y}_m = \dot{Y}_l$ とおいて

$$= \dot{V}'_a \dot{Y}_l$$

　平衡している三相送電系統では，一つの相の電圧のみを考えればよく，他の相の電圧を考慮する必要がなく，図3.11のような単相の回路を考えればよいことになる．ここで，$\dot{Y}_l$ を送電線の 1 相あたりの**正相アドミタンス**と呼ぶ．

　このように，平衡三相送電線は単相回路として，直列インピーダンスが $\dot{Z}_l$，大地との間の並列アドミタンスが $\dot{Y}_l$ の回路として表現することができる．そこで，この条件を満足する送電線の近似回路として，図3.12 **(a)**, **(b)** の 2 つの回

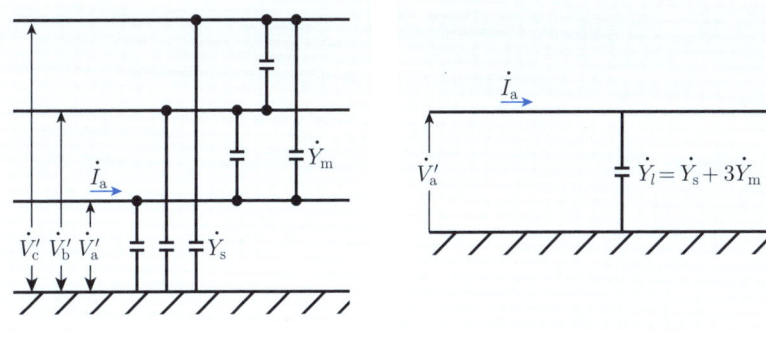

図3.10 平衡三相送電線 (2)

図3.11 送電線の単相等価回路（アドミタンス）

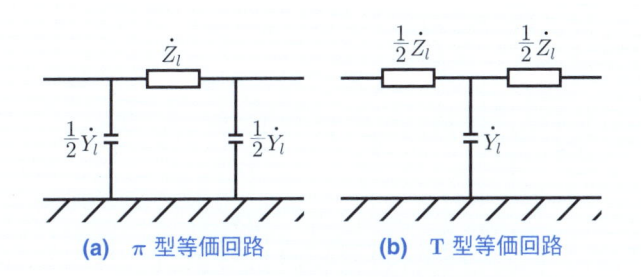

(a) π 型等価回路　　**(b)** T 型等価回路

図3.12 送電線の等価回路

路が用いられる．その形状から **(a)** は π 型等価回路，**(b)** は T 型等価回路と呼ばれる．4 章の潮流計算のしやすさから，現在では π 型等価回路が圧倒的に用いられている．

3.5 三相回路の単位法

3.2, 3.3 節においては，単相回路における単位法を考えた．三相回路においても同様の単位法を用いることができる．

- 電圧の基準値（基準電圧）としては，相電圧（対地電圧）については V_{Ybase}，線間電圧については $V_{\Delta\text{base}}$ をとる．
- 電流の基準値（基準電流）としては，相電流（線電流）については I_{Ybase}，Δ 回路については $I_{\Delta\text{base}}$ をとる．
- インピーダンスの基準値（基準インピーダンス）は Y 回路については Z_{Ybase}，Δ 回路については $Z_{\Delta\text{base}}$ をとる．

これらの間には，単相回路の場合と同様，オームの法則が成り立つ必要があるので

$$\begin{cases} V_{\text{Ybase}} = I_{\text{Ybase}} Z_{\text{Ybase}} \\ V_{\Delta\text{base}} = I_{\Delta\text{base}} Z_{\Delta\text{base}} \end{cases} \tag{3.22}$$

相電圧と線間電圧，線電流と Δ 電流の関係から，基準値に関しても次の関係式が成り立つ必要がある．

$$\begin{cases} V_{\Delta\text{base}} = \sqrt{3}\, V_{\text{Ybase}} \\ I_{\text{Ybase}} = \sqrt{3}\, I_{\Delta\text{base}} \end{cases} \tag{3.23}$$

次に，三相回路における容量の基準値（三相基準容量）について考える．三相回路で送る電力は単相回路（相電圧，相電流）で送る電力の 3 倍であるから，三相基準容量を $(VA)_{3\varphi\text{base}}$ とすれば

$$(VA)_{3\varphi\text{base}} = 3 V_{\text{Ybase}} I_{\text{Ybase}} \tag{3.24}$$

Y 回路の基準インピーダンス $Z_{\text{Ybase}} = V_{\text{Ybase}}/I_{\text{Ybase}}$ に，(3.24) 式から

$$I_{\text{Ybase}} = (VA)_{3\varphi\text{base}}/3 V_{\text{Ybase}}$$

を代入して

$$Z_{\text{Ybase}} = \frac{V_{\text{Ybase}}}{I_{\text{Ybase}}} = \frac{V_{\text{Ybase}}}{\dfrac{(VA)_{3\varphi\text{base}}}{3 V_{\text{Ybase}}}} = \frac{3 V_{\text{Ybase}}^2}{(VA)_{3\varphi\text{base}}}$$
$$= \frac{V_{\Delta\text{base}}^2}{(VA)_{3\varphi\text{base}}} \tag{3.25}$$

となる．

ところで，単相回路においては，(3.15), (3.16) 式から

$$(VA)_{\text{base}} = \frac{V_{\text{base}}^2}{Z_{\text{base}}}$$

すなわち

$$Z_{\text{base}} = \frac{V_{\text{base}}^2}{(VA)_{\text{base}}} \tag{3.26}$$

の関係式が成り立つ．

(3.25) 式と (3.26) 式を比較すれば，三相回路において，基準容量を三相容量基準値 $(VA)_{3\varphi\text{base}}$ に，基準電圧を線間電圧基準値 $V_{\Delta\text{base}}$ にとれば，単相回路と同じ関係式が成り立つということである．

2章でも説明したように，電力システムにおいて，送電線などの定格電圧は線間電圧が用いられている．例えば，275 kV 送電線というのは，対地電圧が 275 kV ではなく，線間電圧が 275 kV であることを意味している．よって，三相容量，線間電圧ということを特に意識することなく，単相回路における単位法と同様に考えて基準インピーダンスを求めれば，単相回路と全く同じ考え方で三相回路の解析を行うことができる．

平衡三相回路の解析においては，図3.13 (a) に示す 1 相分のみを考えれば十分である．特に，平衡回路においては中性線に電流が流れないので，図3.13 (b) に示す回路が一般的に用いられる．

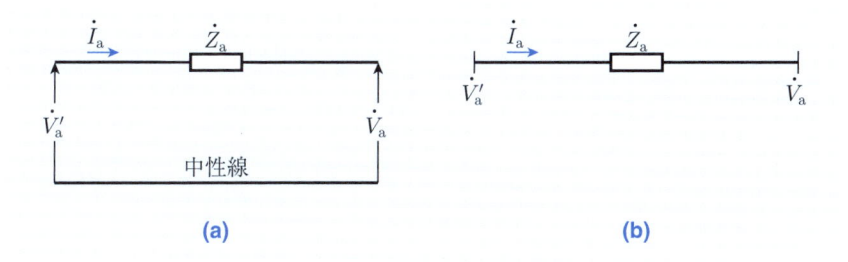

図3.13 平衡三相回路の解析法

■ 例題3.3 ■

三相送電線の1相あたりの（正相）インピーダンスは $\dot{Z}_1 = 5 + j50\ \Omega$ である（図3.14）.

送電端の（三相）複素電力が $\dot{S} = 210 + j60\ \text{MVA}$,（線間）電圧が $275\ \text{kV}$ とする．このとき，受電端の（三相）複素電力,（線間）電圧を，単位法を用いて求めよ．

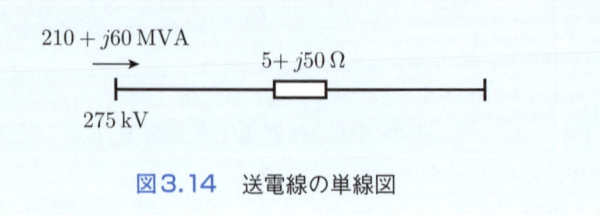

図3.14 送電線の単線図

注意 これは例題 2.4 と同じ問題である．

【解答】 三相基準容量を $100\ \text{MVA}$，基準（線間）電圧を $275\ \text{kV}$ とする．

このとき，単位法で表した送電端の複素電力 $\dot{S}_\text{sp} = 2.1 + j0.6$，電圧 $\dot{V}_\text{sp} = 1.0$ となる．ここでは，送電端電圧の位相を基準にとっている．

基準インピーダンスは (3.24) 式を用いて

$$Z_\text{Ybase} = \frac{(275 \times 10^3)^2}{100 \times 10^6} = 756\ \Omega$$

となる．すなわち，送電線のインピーダンスを単位法で表すと

$$\dot{Z}_\text{p} = \frac{5 + j50}{756} = 0.0066 + j0.066$$

単位法で表現した電流を $\dot{I}_\text{p}$ とすれば，送電端の複素電力は

$$\dot{S}_\text{sp} = \dot{V}_\text{sp} \dot{I}_\text{p}^*$$

となるので

$$2.1 + j0.6 = 1.0 \dot{I}_\text{p}^* \quad \therefore \quad \dot{I}_\text{p} = 2.1 - j0.6$$

単位法で表した受電端での複素電力を $\dot{S}_\text{rp}$，電圧を $\dot{V}_\text{rp}$ とすれば

$$\dot{V}_\text{rp} = \dot{V}_\text{sp} - \dot{I}_\text{p} \dot{Z}_\text{p} = 1.0 - (2.1 - j0.6)(0.0066 + j0.066) = 0.947 - j0.135$$

$$\dot{S}_\text{rp} = \dot{V}_\text{rp} \dot{I}_\text{p}^* = (0.947 - j0.135)(2.1 + j0.6) = 2.07 + j0.285$$

よって，受電端の複素電力は

$$\dot{S}_\mathrm{r} = (2.07 + j0.285)100 \text{ MVA} = 207 + j28.5 \text{ MVA}$$

電圧

$$\dot{V}_\mathrm{r} = (0.947 - j0.135)275 \text{ kV} = 260 - j37.1 \text{ kV}$$

$$\therefore \quad |\dot{V}_\mathrm{r}| = 263 \text{ kV}$$

この結果は，例題 2.4 の解答と一致している． ■

この例題のように三相の単位法を用いると，単相回路と全く同じように解析を行うことができ非常に便利である．

● 未来の太陽エネルギー発電 ●

地球温暖化の問題が顕在化する中，最大の原因である CO_2 削減に向け，再生可能エネルギー（自然エネルギー）が大きく注目されている．ただ，再生可能エネルギーはエネルギー密度が低いこと，天候の影響を受け出力が安定しないことが，最大の課題である．この課題を解決するために，蓄電池による出力の平準化など幅広く，研究・開発が進められている．さらに将来的にも，さまざまなシステムが検討されている．

一つが宇宙太陽光発電（SSP：Space Solar Power）である．静止軌道上に太陽電池を置き，発電された電力を無線送電で地球に送るというものである．大気圏外に太陽電池を置くことで，雲などの天候による出力変動という最大の課題を解決することができる．

数年後をめどに，数十 kW クラスのデモンストレーション計画が，日米欧から発表されている．さらに日本の宇宙航空研究開発機構（JAXA）は 2020 年に 10 MW のプロジェクトを発表している．

この実現にあたって解決すべき課題は，次の 2 点である．
- 静止軌道まで経済的に膨大な量の太陽電池を輸送すること
- 発電された大電力を安全に地上に無線送電すること

打上げコストについては，アポロ−サターンロケットをベースにした完全に再利用できるシステムが提案されている．

無線送電についてはアメリカ航空宇宙局（NASA）のジェット推進研究所が 2008 年 1 月にハワイの 147 km 離れた島の間で実験を行い，電波から電気に 90％以上の変換効率を達成した．

（次のページに続く）

3章の問題

3.1 容量 300 MVA，一次側定格電圧 66 kV，二次側定格電圧 154 kV の変圧器がある．自己容量ベースでインピーダンスが $j0.14$ である．容量の基準値を 1000 MVA としたときの変圧器のインピーダンスを求めよ．

3.2 154 kV 送電線の抵抗 $0.2\,\Omega$，インダクタンス 50 mH，対地キャパシタンス $0.6\,\mu$F とし，100 MVA を容量の基準値とする．ここで，周波数は 50 Hz．
(1) この送電線を単位法を用いて π 型等価回路で表せ．
(2) この送電線を単位法を用いて T 型等価回路で表せ．

3.3 問題 3.1 の変圧器と問題 3.2(1) の送電線が接続されている．単位法を用いて，この回路の単線図を示せ．ただし，100 MVA を容量の基準値とする．

3.4 定格電圧 300 kV の平衡三相送電線において，送電端電圧は 309 kV，送電端三相電力 $S = 180 + j30$ MVA，送電線の 1 相あたりのインピーダンスを $2 + j30\,\Omega$ とする．このとき，受電端の三相電力と電圧を求めよ．ここで，三相容量の基準値を 100 MVA とし，単位法を用いて計算すること．

（前のページに続き） もう一つが**集中型太陽熱発電**（CSP：Concentrating Solar Thermal Power）である．CSP にはさまざまなタイプがあるが，基本的には鏡で太陽光を反射させて集熱器を加熱，この熱を用いて蒸気を発生し，あとは火力発電と同じ原理で発電する．わが国では，サンシャイン計画において，1981 年に太陽熱発電の実証試験が行われたが，効率が悪かったため，太陽熱発電の開発はストップし，以降，太陽光発電に注力することになった．一方，欧米では，太陽熱発電の開発は継続して進められ，アメリカでは計 6 GW，その他の国では計 3.7 GW，1 機あたりの容量は 1 MW から 64 MW の CSP が設置されるに至っている．

将来的には，アメリカにおいては，モハーヴェ砂漠において 553 MW の CSP が計画されている．

また，ヨーロッパではドイツを中心に，2020 年までにサハラ砂漠に計 20 GW におよぶ CSP を設置し，直流送電で地中海を縦断しヨーロッパに供給するというデザーテックプロジェクトが計画されている．長期的には 2050 年までに EU の電力需要の 15% をまかなうことを目標としている．

将来，我々の使う電気はどこで，どのような方式で発電され，どのような方法で送電されているのであろうか？

第4章

潮流計算

　電力システムの各地点の電圧，送電線，変圧器を流れる電力（これを潮流と呼ぶ）を知ることは，電力システムを適切に制御し，安定供給を図るために非常に重要である．しかし，すべての地点に測定機器を設置して把握することは現実的に難しい．そこで，発電所や変電所の情報から，各地点及び送電線の電圧，電力を求める必要が生じる．この方法を潮流計算という．

　本章では，電力システムの特性を表すノードアドミタンス行列を求め，電力方程式を導出する．電力方程式は非線形連立方程式となるため，計算機を使用しないと計算することができない．さらに簡易的に潮流分布を計算する手法である直流法潮流計算についても概説する．

4.1 ノードアドミタンス行列

電力システムの特性を表現するノードアドミタンス行列から導出される方程式は**電力方程式**と呼ばれる．この方程式の基本的なパラメータは，送電線や変圧器などの送変電機器の電気的特性を表すアドミタンスあるいはインピーダンスの値である．電気回路としてとらえ，線形方程式で表現される．

電力システムにおいて，発電機や負荷が接続されている点や変電所をそれぞれネットワークを構成する**ノード**（母線とも呼ぶ）とし，ノード間を接続する送電線を**ブランチ**（送電線や変圧器に相当する）とする．これらを用いてネットワークの方程式（電力方程式）を作ることができる．

図4.1 に示すような，3つのノードと3つのブランチからなる電力システムを考える．3つのノードの電圧を $\dot{V}_1, \dot{V}_2, \dot{V}_3$ とし，それぞれのノードに接続されている発電機や負荷から電力システムに流れ込む電流を $\dot{I}_1, \dot{I}_2, \dot{I}_3$ とする．

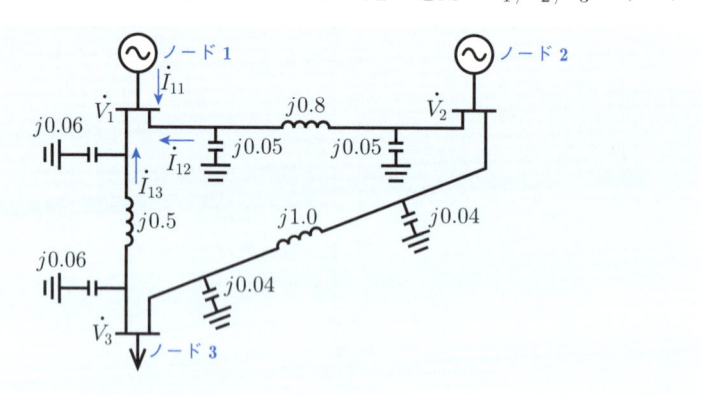

図4.1　3母線系統

ノード1に注目すると，ノード1に流れ込む電流は，各ノードから流れ込む電流と送電線に流れ出す電流の総和に等しい．すなわち

$$\dot{I}_1 = \dot{I}_{11} + \dot{I}_{12} + \dot{I}_{13}$$
$$= \dot{Y}_{11}\dot{V}_1 + \dot{Y}_{12}\dot{V}_2 + \dot{Y}_{13}\dot{V}_3 \tag{4.1}$$

一般に，N 個のノードからなる電力システムの，各ノードの電圧を $\dot{V}_i$，各ノードから電力システムに流れ込む電流を $\dot{I}_i$ とすれば，(4.2) 式が得られる．

$$\dot{I}_i = \sum_{j=1}^{N} \dot{Y}_{ij} \dot{V}_j \tag{4.2}$$

すべてのノードについて電流を求めると，次式のようになる．

$$\begin{bmatrix} \dot{I}_1 \\ \dot{I}_2 \\ \vdots \\ \dot{I}_N \end{bmatrix} = \begin{bmatrix} \dot{Y}_{11} & \dot{Y}_{12} & \cdots & \dot{Y}_{1N} \\ \dot{Y}_{21} & \dot{Y}_{22} & \cdots & \dot{Y}_{2N} \\ \vdots & \vdots & \ddots & \vdots \\ \dot{Y}_{N1} & \dot{Y}_{N2} & \cdots & \dot{Y}_{NN} \end{bmatrix} \begin{bmatrix} \dot{V}_1 \\ \dot{V}_2 \\ \vdots \\ \dot{V}_N \end{bmatrix} \tag{4.3}$$

ベクトルと行列で表現すると

$$\boldsymbol{I} = \boldsymbol{Y}\boldsymbol{V} \tag{4.4}$$

となる．この $\boldsymbol{Y}$ をノードアドミタンス行列と呼ぶ．

$\boldsymbol{Y}$ 行列の対角要素 $\dot{Y}_{ii}$ を自己アドミタンス（駆動点アドミタンス），非対角要素 $\dot{Y}_{ij}$ を相互アドミタンス（伝達アドミタンス）と呼ぶ．

- 自己アドミタンスは，ノード i につながれているブランチのアドミタンスと対地アドミタンスの総和になる．
- 相互アドミタンスは，ノード i とノード j の間につながれているブランチのアドミタンスに負の符号をつけたものである．

以上から $\dot{Y}_{ij} = \dot{Y}_{ji}$ となり，ノードアドミタンス行列は要素が複素数の対称行列となる．

ネットワークの方程式はノードの数に対しブランチの数が少ない．そのため，各ノードの電圧と電流の関係を

- ノードアドミタンス行列で表現すると，その要素は零が大部分を占める疎行列になる．
- インピーダンス行列で表すとすべての要素が非零となる．つまり，電力システムから直接求めることが困難であること，方程式を解くために時間が多く費やされることなどの理由で，電力方程式にはほとんど用いられない．したがって，電力システムは主にノードアドミタンス行列で表現されることが多い．

ノードアドミタンス行列は，電力システムを電気回路として捉えたときの各地点，送電線のアドミタンスをまとめて表現したものである．

■ 例題4.1 ■

図4.1 の電力システムのノードアドミタンス行列の各要素を求めよ．なお，各要素の値は単位法（3.2 節参照）で表し，図において，対地容量はアドミタンスで表現され，線路定数はインピーダンスで表現される．

【解答】 ノードアドミタンス行列の各要素を求めると

$$\dot{Y}_{11} = j0.05 + j0.06 + \frac{1}{j0.8} + \frac{1}{j0.5} = -j3.14$$

$$\dot{Y}_{22} = j0.05 + j0.04 + \frac{1}{j0.8} + \frac{1}{j1.0} = -j2.16$$

$$\dot{Y}_{33} = j0.04 + j0.06 + \frac{1}{j1.0} + \frac{1}{j0.5} = -j2.9$$

$$\dot{Y}_{12} = \dot{Y}_{21} = -\frac{1}{j0.8} = j1.25$$

$$\dot{Y}_{13} = \dot{Y}_{31} = -\frac{1}{j0.5} = j2.0$$

$$\dot{Y}_{23} = \dot{Y}_{32} = -\frac{1}{j1.0} = j1.0$$

したがって，ノードアドミタンス行列は

$$\boldsymbol{Y} = \begin{bmatrix} -j3.14 & j1.25 & j2.0 \\ j1.25 & -j2.16 & j1.0 \\ j2.0 & j1.0 & -j2.9 \end{bmatrix}$$

となる．

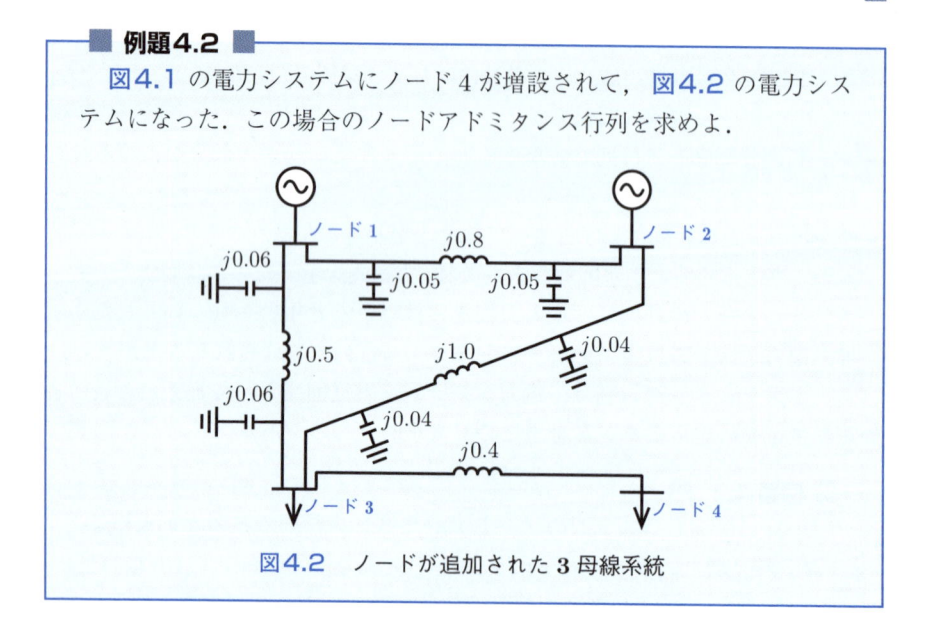

■ 例題4.2 ■

図4.1 の電力システムにノード4が増設されて，図4.2 の電力システムになった．この場合のノードアドミタンス行列を求めよ．

図4.2　ノードが追加された3母線系統

【解答】 変更される各要素は

$$\dot{Y}_{33} = -j2.9 + \frac{1}{j0.4} = -j5.4$$

$$\dot{Y}_{44} = \frac{1}{j0.4} = -j2.5$$

$$\dot{Y}_{34} = \dot{Y}_{43} = -\frac{1}{j0.4} = j2.5$$

となり

$$\boldsymbol{Y} = \begin{bmatrix} -j3.14 & j1.25 & j2.0 & 0 \\ j1.25 & -j2.16 & j1.0 & 0 \\ j2.0 & j1.0 & -j5.4 & j2.5 \\ 0 & 0 & j2.5 & -j2.5 \end{bmatrix}$$

となる．$\dot{Y}_{14}, \dot{Y}_{24}$ は，ノード 1 とノード 4，ノード 2 とノード 4 の間にブランチがないため，零となっている． ■

このように，ノードアドミタンス行列は電力システムが与えられれば，直接求めることができる．また，電力システムの構成やインピーダンスが変わった場合は，一部のアドミタンスの値を修正すればよい．

さらに，電力システムの規模が大きくなり，ノード数が増えるとノード間を結ぶブランチの数は相対的に少なくなるので，ノードアドミタンス行列の要素が零の割合が大きくなる．このように多くの要素が零となるような行列を**疎行列**と呼ぶ．この性質を用いて，コンピュータでの効率的な計算処理の方法が種々提案されている．

4.2 電力方程式

ノードアドミタンス行列を用いて，電力の流れ（潮流と呼ぶ）と分布を求める方法を考える．

発電所においては，水力発電における水の位置エネルギーや，火力発電における熱エネルギーが，発電機の回転子を回す運動エネルギーに変換され，発電機を通して電気エネルギーに変換される．発電機から出力される電気は交流であり，発電機からは**有効電力**と**無効電力**が発生する．ただし，無効電力は，電力システムの状態により定まるものである．

- 発電機が接続されたノードでは，有効電力出力と，発電機が電力システムと接続されている端子の電圧の大きさである．端子の電圧は，発電機の制御装置である**自動電圧調整装置**（**AVR**：Automatic Voltage Regulator）によって制御されている．

- 需要家が接続された負荷ノードでは，有効電力と無効電力が消費される負荷に応じて決まり，電圧は電力システムの状態によって定まる．

そこで，発電機ノードでは P と V（有効電力と電圧）が指定され，無効電力と電圧の位相が未知となる．一方，負荷ノードでは P と Q（有効電力と無効電力）が指定され，電圧が未知となる．すなわち，発電機ノードは PV 指定ノード，負荷ノードは PQ 指定ノードと呼ばれる．

また，基準母線を決める必要がある．基準母線においては，電力システムで生じる損失を基準母線が補償すると考える．すなわち，発電機ノード，負荷ノードの有効電力が指定されても，電力システムで生じる送電損失は未知であるため，発電機ノードの少なくとも一つの有効電力の値を指定することはできない．そこで，このノードを**スラックノード**と呼んで，送電損失を吸収するバッファとして定義する．また，各ノードの電圧を計算するにあたっては，位相の基準を決めるため，位相の基準となるノード（**基準ノード**）が必要である．基準ノードとスラックノードは別々に選ぶこともできるが，一般的には同じノードを選ぶ．スラックノードとして発電機ノードが選ばれた場合は，このノードの電圧の大きさおよび位相のみが指定される．

この他，送電線の中継点や変電所の中には，送電線（ブランチ）を結びつけているだけで，電力が消費されないノードも存在する．このようなノードは**浮遊ノード**と呼ばれ，有効電力と無効電力が共に 0 の負荷ノードとして扱われる．

4.2 電力方程式

以上のことを前提にして，各ノードから電力システムに流れ込む有効電力，無効電力を，ノードアドミタンス行列を用いて表すことができる．

あるノード k においては

$$P_k + jQ_k = \dot{I}_k^* \dot{V}_k = \sum_{m=1}^{N} \dot{Y}_{km}^* \dot{V}_m^* \dot{V}_k \tag{4.5}$$

となり，この式を**電力方程式**と呼ぶ．

この電力方程式において

- 発電機ノードでは，電力方程式の P_k と $|\dot{V}_k|$ が既知となり，Q_k と電圧の位相角 $\angle \dot{V}_k$ が未知数となる．
- 負荷ノードでは，P_k と Q_k が既知となり，電圧の値 $|\dot{V}_k|$ と位相角 $\angle \dot{V}_k$ が未知数となる．

すべてのノードの電力方程式を連立させて，この未知数を求めるのが**潮流計算**である．

今，母線電圧が $V_m = e_m + jf_m$ と直交座標系で表されているとする．また，各ノードの有効電力，無効電力，電圧の指定値をそれぞれ P_{ks}, Q_{ks}, V_{ks} とする．

以下に，電力方程式を示す．

$$P_{ks} = \mathrm{Re}\left\{\sum_{m=1}^{N} \dot{Y}_{km}^*(e_m + jf_m)^*(e_k + jf_k)\right\} \tag{4.6}$$

$$Q_{ks} = \mathrm{Im}\left\{\sum_{m=1}^{N} \dot{Y}_{km}^*(e_m + jf_m)^*(e_k + jf_k)\right\} \tag{4.7}$$

$$V_{ks}^2 = e_k^2 + f_k^2 \tag{4.8}$$

PQ 指定ノードでは (4.6) 式と (4.7) 式，PV 指定ノードでは (4.6) 式と (4.8) 式を用いて，電力方程式を作成できる．

これらの電力方程式は以下に示すように，電圧の2次式になっており，通常の線形方程式を解く方法では求めることができない．

そこで，現在，精度よく未知数を求めることができる手法として，ニュートン–ラフソン法が用いられている．これは図4.3のように非線形の方程式を，偏微分値を用いた近似直線で解を推定し修正を行いながら解いていくものである．

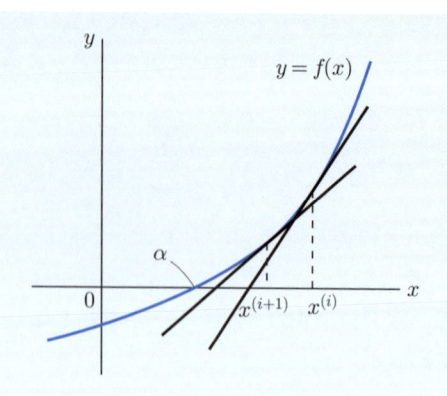

図4.3 ニュートン–ラフソン法で解を求める過程

■ **例題4.3** ■

図4.1 の電力システムにおいて，ノード1をスラックノード，ノード2を PV 指定ノード，ノード3を PQ 指定ノードとして，電力方程式を作成せよ．

【解答】 ノード2については

$$\begin{aligned}P_{2s} &= \mathrm{Re}\left\{(j1.25)^*(e_1+jf_1)^*(e_2+jf_2)\right.\\&\quad + (-j2.16)^*(e_2+jf_2)^*(e_2+jf_2)\\&\quad \left.+ (j1.0)^*(e_3+jf_3)^*(e_2+jf_2)\right\}\\&= 1.25e_1f_2 - 1.25e_2f_1 + e_3f_2 - e_2f_3\\V_{2s}^2 &= e_2^2 + f_2^2\end{aligned}$$

ノード3については

$$\begin{aligned}P_{3s} &= \mathrm{Re}\left\{(j2.0)^*(e_1+jf_1)^*(e_3+jf_3)\right.\\&\quad + (j1.0)^*(e_2+jf_2)^*(e_3+jf_3)\\&\quad \left.+ (-j2.9)^*(e_3+jf_3)^*(e_3+jf_3)\right\}\\&= 2.0e_1f_3 - 2.0e_3f_1 + e_2f_3 - e_3f_2\end{aligned}$$

$$Q_{3s} = \mathrm{Im}\left\{(j2.0)^*(e_1+jf_1)^*(e_3+jf_3)\right.$$
$$+ (j1.0)^*(e_2+jf_2)^*(e_3+jf_3)$$
$$\left.+ (-j2.9)^*(e_3+jf_3)^*(e_3+jf_3)\right\}$$
$$= 2.9e_3^2 + 2.9f_3^2 - 2.0e_1e_3 - 2.0f_1f_3 - e_2e_3 - f_2f_3$$

ノード1はスラックノードなので

$$e_1 = V_{1s}, \quad f_1 = 0$$

となる.

● ニュートン–ラフソン法 ●

今,$f(x)=0$ の解 α に対する近似解を $x^{(i)}$,その誤差を $\Delta x^{(i)}$ とすれば

$$\alpha = x^{(i)} + \Delta x^{(i)} \tag{4.9}$$

となる.この $f(x)$ を $x^{(i)}$ の近傍でテイラー展開すると

$$f(\alpha) = f(x^{(i)} + \Delta x^{(i)})$$
$$= f(x^{(i)}) + \Delta x^{(i)} f'(x^{(i)}) + \frac{\{\Delta x^{(i)}\}^2}{2!} f''(x^{(i)}) + \cdots$$
$$= 0 \tag{4.10}$$

が得られる.$\Delta x^{(i)}$ が微小であるとすると,2次以下の項を無視でき

$$\Delta x^{(i)} = -\frac{f(x^{(i)})}{f'(x^{(i)})} \tag{4.11}$$

となる.すると,よりよい近似解 $x^{(i+1)}$ を

$$x^{(i+1)} = x^{(i)} - \frac{f(x^{(i)})}{f'(x^{(i)})} \tag{4.12}$$

として得ることができる.この繰返し計算を行うことで,近似解を求める手法がニュートン–ラフソン法である.解への収束の様子を示したのが図4.3である.

4.3 直流法潮流計算

ニュートン–ラフソン法では厳密な電圧分布，潮流分布を求めることができるが，膨大な計算量になり，コンピュータを用いなければ解くことが難しい．

しかし，実際の電力システムの運用においては，精度が多少落ちても概略の潮流分布を知るだけでよいといった場合がある．その際に **直流法潮流計算** という簡略な方法がよく使われる．

図 4.4 に示す送電線を考える．送電線の抵抗，対地アドミタンスを省略し，送電端電圧を $\dot{V}_s = V_s$，受電端電圧を $\dot{V}_r = V_r e^{-j\delta}$ とし，送電線のインピーダンス jX とすると

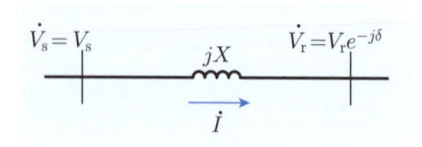

図 4.4 送電線モデル

$$P_r + jQ_r = V_r e^{-j\delta} \dot{I}^*$$

$$= V_r e^{-j\delta} \left(\frac{V_s - V_r e^{-j\delta}}{jX} \right)^*$$

$$= \frac{V_s V_r e^{-j\delta} - V_r^2}{-jX}$$

$$= \frac{V_s V_r}{X} \sin\delta + j\frac{V_s V_r \cos\delta - V_r^2}{X} \quad (4.13)$$

となる．有効電力は

$$P_r = \frac{V_s V_r}{X} \sin\delta \quad (4.14)$$

となり，$V_s = V_r = 1.0, \sin\delta = \delta$ と近似すると

$$P_r = \frac{\delta}{X} \quad (4.15)$$

という単純な式が得られる．

これは送電線を図 4.5 **(a)** の直流回路であるかのように，**(b)** のような回路と

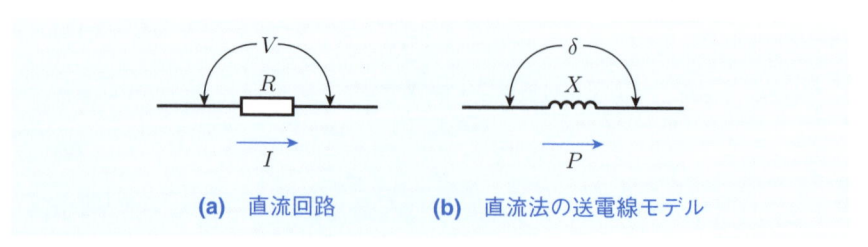

(a) 直流回路　　**(b)** 直流法の送電線モデル

図 4.5 直流法潮流計算

4.3 直流法潮流計算

見立てて回路方程式を立てたことに他ならない．直流回路計算と同様の方法で電力システム内各地点の位相，電力潮流を求めることができる．このような近似的手法を**直流法潮流計算**と呼ぶ．一方，ニュートン–ラフソン法などにより，厳密に解を求める潮流計算を**交流法直流計算**と呼ぶ．

直流法潮流計算により，各ノード間の位相差を簡易的に求めることができる．それにより電力システムの安定度を向上させる装置である移相器の設計なども容易に行うことができる．

■ 例題 4.4 ■

例題 4.1 の電力システムで，各送電線を流れる潮流を直流法潮流計算により求めよ．なお，各要素の値は単位法で表し，ノード 1 から 1.0，ノード 2 から 0.8 の有効電力が供給されているとする．

【解答】 ノード 1 において

$$1.0 = \frac{0 - \delta_2}{0.8} + \frac{0 - \delta_3}{0.5}$$

ノード 2 において

$$0.8 = \frac{\delta_2 - 0}{0.8} + \frac{\delta_2 - \delta_3}{1.0}$$

これを解くと

$$\delta_2 = 0.104$$
$$\delta_3 = -0.565$$

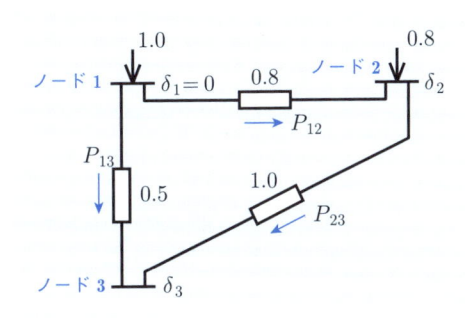

図 4.6 3 母線系統の直流法表現

よって

$$P_{12} = \frac{0 - 0.104}{0.8} = -0.130$$

$$P_{13} = \frac{0 - 0.565}{0.5} = 1.13$$

$$P_{23} = \frac{0.104 + 0.565}{1.0} = 0.669$$

と各送電線の潮流が求まる．

4章の問題

☐ **4.1** 図4.7 の系統のノードアドミタンス行列を求めよ.

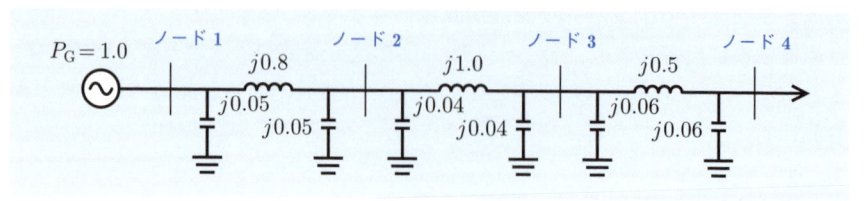

図4.7 問題系統

☐ **4.2** 図4.7 の系統の電力方程式を求めよ. ただし, ノード1は PV 指定ノード, ノード2, ノード3は PQ 指定ノード, ノード4はスラックノードとする.

☐ **4.3** 図4.8 の系統の解を直流法潮流計算で求めよ.

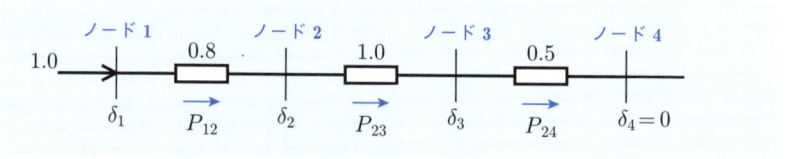

図4.8 問題系統の直流法潮流計算

第5章

安定度計算

　ある定常状態で運転しているときに，事故や急激な変動，これらを擾乱（じょうらん）と呼ぶ．電力システムの安定度は，その擾乱に対して，別の定常状態に移る場合も含めて安定に運転を続けることができる能力のことを指す．

　安定度は，一般にその擾乱の性質，大きさにより，小さな変動に対する安定度を扱う定態安定度と，大きな変動に対する特性を扱う過渡安定度に分けられる．これらの安定度の意味について説明する．また，簡易的に安定度を評価する手法として等面積法を紹介し，安定度向上対策としてとられている方法を説明する．

5.1 安定度の種類

電力システムは，発電機出力と負荷はバランスがとれて運用されているが，擾乱が発生したとき，そのバランスが崩れる．その際，もとに戻してバランスを取ろうとすることができるかどうかが，電力の安定供給能力を維持できるかどうかを図る目安になる．

ここで扱う電力システムの安定度は，定常状態で運転しているときに，事故や急激な変動などの擾乱に対して，別の定常状態に移る場合も含めて安定に運転を続けることができる能力を指す．安定度は，一般にその擾乱の性質，大きさにより，小さな変動に対する安定度を扱う定態安定度と，大きな変動に対する動特性を扱う過渡安定度に分けられる．

5.1.1 定態安定度

定態安定度は，通常の負荷変動などの小さな擾乱に対して，電力システムが安定に運転を継続できるかどうかの指標である．電力機器の動特性を線形化して表現し，微小変動に対する制御特性で安定度を評価する．そのため，すべての過渡現象を線形と仮定する必要があり，その上で安定度を論じる．

定常状態の電力・電圧分布を求めることができることは，定態安定度が維持できていることを示すものといえる．図5.1 (a) に示すように，通常微小擾乱に対して評価する．

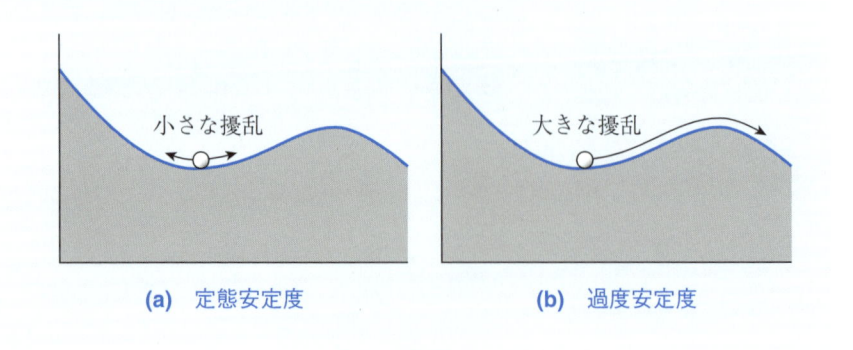

(a) 定態安定度　　**(b)** 過度安定度

図5.1　安定度の概念

5.1.2 過渡安定度

過渡安定度は，飽和やリミッタ，スイッチングなどの非線形現象を含めて安定度を評価するものである．過渡安定度は，大きな擾乱に対する動特性を見るもので，図5.1 (b) に示すように，小さい擾乱では持ちこたえられるものが，大きな擾乱で持ちこたえることができるかどうかを評価することができる．

そのため，過度安定度計算は，電力システムの将来計画や設備計画，運用計画，事故時の解析，制御系設計などの業務に欠かせないものである．また，電力システムの信頼度向上のための教育訓練用シュミレータ，解析シュミレータやセキュリティ監視システムなどにも組み込まれている．

過度安定度計算手法としては，多くの非線形微分方程式や代数方程式を解く必要があり，直接方程式を交互に繰り返しながら解く手法がよく用いられる．

微分方程式で表現される各電力機器のモデルの多くは線形化されており，電力機器の動作を忠実に表現できているとは限らないことに注意が必要である．

5.2 同期発電機と動揺方程式

同期発電機は，回転子にかかる機械的エネルギー P_m を電気エネルギー P_e に変換する．回転子を含む回転系の慣性モーメントを J，固定子に対する回転子の回転角を δ とすると，同期発電機の回転子の動作を表す式は，下記に示す運動方程式

$$J\frac{d^2\delta}{dt^2} = T_m - T_e \tag{5.1}$$

となる．

発電機が定常状態であれば，機械的トルク T_m と電気的トルク T_e は等しく，回転子は一定速度，すなわち同期速度 ω で回転する．同期速度 ω は，回転角 δ を用いて

$$\omega = \frac{d\delta}{dt} \tag{5.2}$$

で表される．この同期速度とトルクの積が，それぞれ機械的入力と電気的出力になり，(5.2) 式は，下記の式に変換することができる．

$$\omega J\frac{d^2\delta}{dt^2} = P_m - P_e \tag{5.3}$$

発電機が同期速度で回転しているとすれば

$$M = \omega J \tag{5.4}$$

となる．これを**同期発電機の慣性定数**と呼ぶ．一般に，同期速度の近傍での現象解析を行う際は，同期速度を一定と考え，単位法で $\omega = 1$ とし，(5.5) 式で扱うことが多い．これを**動揺方程式**と呼ぶ．なお，発電機への機械的入力 P_m と，発電機から系統へ供給される電気的出力 P_e の差 P_a が回転子の加速力となる．

$$M\frac{d^2\delta}{dt^2} = P_m - P_e = P_a \tag{5.5}$$

動揺方程式を解くことで，回転角 δ は時間 t の関数として求められる．図 5.2 に示すような回転角 δ と時間 t のグラフを同期発電機の**動揺曲線**と呼び，擾乱が加わった後の同期発電機が同期を維持して安定状態を保つかどうかを判断することができる．

一方，同期発電機は，等価的に図 5.3 に示すモデルで表現され，**背後電圧一定モデル**と呼ばれる．

5.2 同期発電機と動揺方程式

(a) は定常状態での発電機モデルで，X_d は同期リアクタンス，$\dot{E}$ は背後電圧あるいは**誘導起電力**と呼ばれる．

(b) は数秒程度の過渡状態の解析に使われる発電機モデルで，X'_d は**過渡リアクタンス**，$\dot{E}'$ は**過渡背後電圧**あるいは**過渡誘導起電力**と呼ばれる．

(c) は 1 秒以内の事故等の擾乱発生時の解析に使われる発電機モデルで，X''_d は**初期過渡リアクタンス**あるいは**次過渡リアクタンス**，$\dot{E}''$ は**初期（または次過渡）背後電圧**あるいは**初期（または次過渡）誘導起電力**と呼ばれる．

いずれのモデルを用いるかは，解析すべき事象により使い分ける．

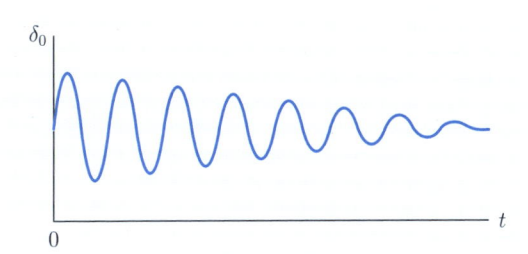

図5.2 動揺曲線

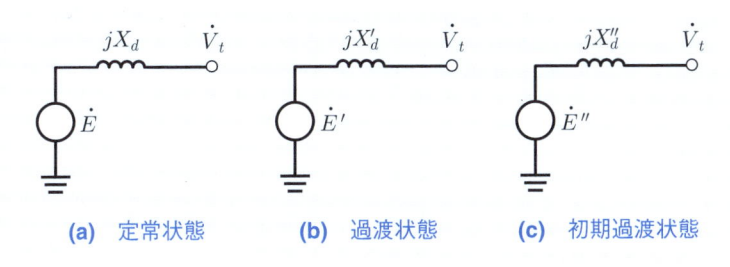

(a) 定常状態　　(b) 過渡状態　　(c) 初期過渡状態

図5.3 発電機モデル

5.3 等面積法

電力システムには,数多くの発電機がつながっており,それらは同期速度で運転され,周波数を一定に保っている.事故などの擾乱が発生したとき,これらの同期発電機は動揺するが,その動きを電力システム全体で1つあるいは少数の発電機でまとめて表すことができる.これを**縮約**といい,電力システム全体の大まかな動きや安定度を判別することができる.また,1つあるいはある地域の発電所の動きを解析する際は,注目する発電機を1台の同期発電機で模擬し,それにつながる電力システムを電圧一定の大きな発電機とみなすことができる.このような電力システムを**一機無限大母線系統**と呼び,電力システムの解析でよく使われる.

今,発電機が1台,変圧器(リアクタンス jX_t)と送電線(リアクタンス jX_l)を介して大きな電力システムにつながっている図5.4の一機無限大母線系統を考える.このとき,発電機から送電線を通して一機無限大母線に供給される電力は,以下の式で表される.

$$\begin{aligned}
P + jQ &= \dot{V}\dot{I}^* \\
&= \dot{V}\left\{\frac{E'e^{-j\delta} - \dot{V}}{j(X'_d + X_t + X_l)}\right\}^* \\
&= \frac{\dot{V}E'}{X'_d + X_t + X_l}\sin\delta + j\frac{\dot{V}E'\cos\delta - \dot{V}^2}{X'_d + X_t + X_l}
\end{aligned} \tag{5.6}$$

有効電力は

$$P = \frac{\dot{V}E'}{X}\sin\delta \quad (ただし\ X = X'_d + X_t + X_l) \tag{5.7}$$

となる.これを**電力相差角方程式**と呼ぶ.

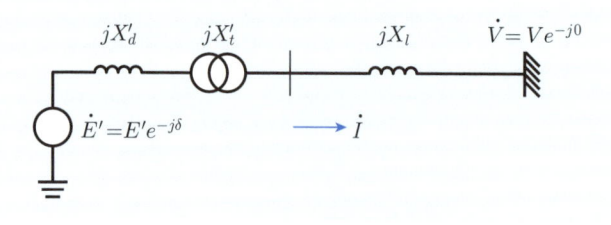

図5.4 一機無限大母線系統モデル

5.3 等面積法

また，(5.7) 式の有効電力 P と発電機の無限大母線との位相角の差である相差角 δ の関係を表した図5.5 を**電力相差角曲線**（**P-δ 曲線**）と呼ぶ．擾乱が発生し，電気的出力あるいは機械的入力が変動すると，発電機の相差角が変動する．このとき，もとの状態に戻ろうとする力は，(5.7) 式の電力相差角方程式で表される電力の相差角に対する変化量となる．これを**同期化力**と呼び，以下の式で表される．

$$S = \frac{dP}{d\delta} = \frac{VE'}{X}\cos\delta \tag{5.8}$$

同期化力が大きいほど，擾乱が発生したとき，もとに戻そうとする力が大きくなる．電力相差角曲線の接線の傾きが同期化力であり，最大電力に近づくほど，値が小さくなる．このことは系統に擾乱が生じたときに，もとの状態に戻す力が小さくなることを意味し，安定限界に近付いていることを意味する．まとめると

① 電力系統の動揺などの現象，電力機器，ネットワークを単純化して
② 大きな発電機1台が，1つの送電線で大きな1つの負荷に接続されているという仮定を置いて
③ 電力相差角方程式を立て
④ 電力相差角曲線を作る．

このようにして安定度を論じる簡便な方法が**等面積法**である．

定常状態では，微小擾乱，たとえば発電機出力や負荷の変化が発生したとき，図5.5 の動作点 a の近傍で動揺する．斜線部 A の面積

$$S_\mathrm{A} = \int_{\delta_\mathrm{a}}^{\delta_0} (P_\mathrm{m} - P_\mathrm{max}\sin\delta)d\delta$$

が加速エネルギーである．一方，斜線部 B の面積

$$S_\mathrm{B} = \int_{\delta_0}^{\delta_\mathrm{b}} (P_\mathrm{max}\sin\delta - P_\mathrm{m})d\delta$$

が減速エネルギーである．両者のバランスがとれた状態で，動揺しながら安定点 a に収束する．この場合，定態安定度が保たれている（A の面積 = B の面積）といえる．

一方，一機無限大母線系統で，落雷や事故により三相地絡事故が発生したとき，事故中は電圧降下のため電力相差角曲線は図5.5 の事故中の曲線になる．図5.6 の動作点 a が事故中の電力相差角曲線上の b に移り，電力を回復させ

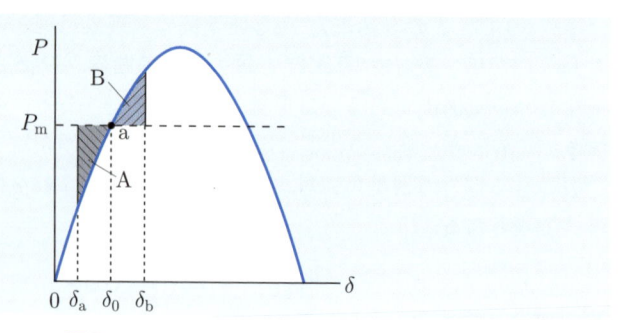

図5.5 電力相差角曲線

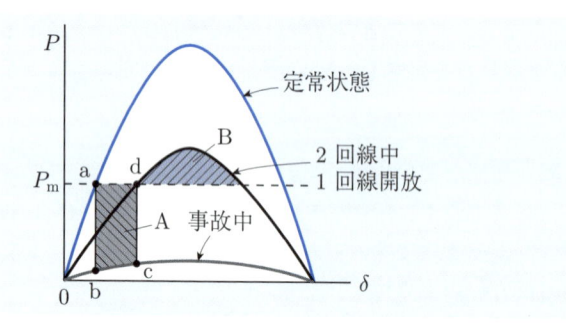

図5.6 事故時の電力相差角曲線

ようとcに移動を始める．その後事故が検出されて，2回線中の1回線が切り離されたとすると，事故中の電力相差角曲線上の点cから2回線中1回線開放の電力相差角曲線上の点dに移る．図において，斜線部Aは，擾乱が発生したときの加速エネルギーとなり，斜線部Bが減速エネルギーとなる．加速エネルギーが減速エネルギーの最大値より大きい（Aの面積 > Bの面積）と不安定になる．このように等面積法では，加速エネルギーと減速エネルギーの占める面積で，安定度判別を行う．減速エネルギーが加速エネルギーより大きければ（Bの面積 > Aの面積），安定度が保たれているといえる．

図5.5や図5.6をみてわかるように，同期化力は供給電力の限界に近付き，曲線の頂点に近くなると小さくなり，安定点に戻す力が少なくなってしまう．安定度と同期化力は一体であり，基本的には同期化力を大きく保つこと，すなわち最大供給電力 $P_{\max}$ を大きくし，回転角 δ が小さい範囲で運転することが電力システムを安定に保つことになる．

例題 5.1

図 5.7 の一機無限大母線系統について,電力相差角方程式を求めよ.

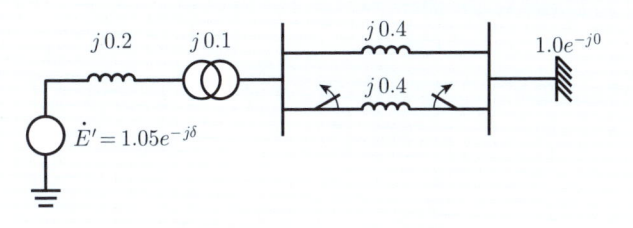

図 5.7 一機無限大母線系統

【解答】 (5.7) 式において

$$V = 1.0, \quad E' = 1.05$$

$$X = 0.2 + 0.1 + \frac{0.4}{2} = 0.5$$

より

$$P = \frac{1.05}{0.5}\sin\delta = 2.10\sin\delta$$

例題 5.2

図 5.7 の一機無限大母線系統で,三相地絡事故が発生し,2 回線中 1 回線が解放されたとき,電力相差角方程式がどのようになるか求めよ.

【解答】
$$X = 0.2 + 0.1 + 0.4 = 0.7$$

となり

$$P = \frac{1.05}{0.7}\sin\delta = 1.50\sin\delta$$

5.4 安定度向上対策

安定度，特に過渡安定度を保つために種々の対策がとられている．その主なものとしては，以下の方法がある．

> (1) **送電の高電圧化：** 相差角の開きを抑え，同期化力を大きく保つ．
> (2) **高速度遮断器：** 事故継続時間を短くし，擾乱による加速エネルギーを小さく抑える．
> (3) **高速再閉路：** 事故除去した回線を速やかに再閉路し復旧させて，減速エネルギーを大きくする．
> (4) **超速応励磁：** 事故除去後に発電機の励磁電流を急速に増加させることにより，発電機内部誘起電圧を高め，減速エネルギーを増加させることができる．

その他，高速バルブ制御，制動抵抗，直列コンデンサ，中間開閉所などにより送電線インピーダンスを制御することにより，擾乱による動揺を抑える対策が用いられている．

以上の述べた対系は，主に同期化力を向上させるものである．さらに，動揺を制御する制動力を向上させるための対策として，**PSS**（Power System Stabilizer），**SVC**（Static Var Compensator），**STATCOM**（Static Synchronous Compensator），その他 **FACTS**（Flexible AC Transmission Systems）機器などが開発・商用されている．

> **例題5.3**
> 上記の (1)〜(4) の安定度向上対策について，電力相差角曲線を用いて安定度向上効果を説明せよ．

【解答】 (1) 送電の高電圧化：図5.8 に示すように，電圧を高くすることで最大供給可能電力が上昇する．
(2) 高速度遮断器：図5.9 に示すように，事故を高速に除去することで加速エネルギーが減少する．
(3) 高速再閉路：図5.10 に示すように，事故除去後 1 回線となっている状態から高速に元の 2 回線に戻すことで減速エネルギーを増すことができる．
(4) 超速応励磁：図5.11 に示すように，過渡背後電圧が増すことで 1 回線のときの最大供給可能電力を増すことができる．

5.4 安定度向上対策

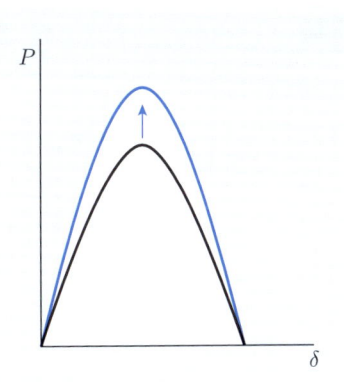

図5.8 送電の高電圧化による安定度向上

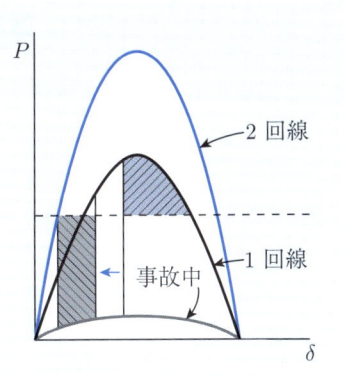

図5.9 高速度遮断器による安定度向上

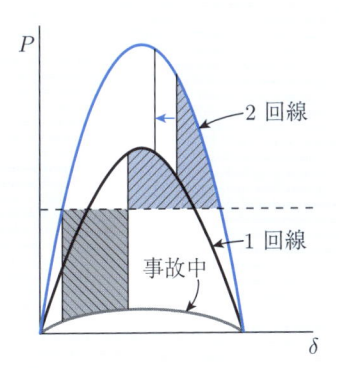

図5.10 高速再閉路による安定度向上

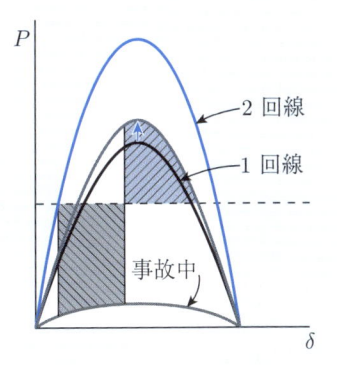

図5.11 超速応励磁による安定度向上

5章の問題

5.1 図5.7の一機無限大母線系統で三相地絡事故が発生し，事故後2回線中1回線が開放され，安定になるときの，事故中と事故除去後の電力相差角曲線を描き，事故後の相差角の推移を示せ．なお，発電機出力は1.0とする．

5.2 安定度向上対策の中間開閉所，直列コンデンサについて，電力相差角曲線を用いて安定度向上効果を説明せよ．

第6章
電力システムにおける電圧の特性

　電力システム内各部の電圧を定格電圧付近に保つことは，負荷である電気機器の正常な運転を保証する上で重要である．さらに，過電圧から送変電機器を保護する上でも必要である．

　本章では，電力システムの電圧特性を検討し，電圧制御の方法を説明する．次に，電圧と密接な関係にある無効電力の発生源について説明し，具体的な電圧無効電力制御方式を学ぶ．

6.1 無効電力と電圧の関係

ここでは，無効電力と電圧の関係を考えてみる．

今，簡単のために，送電線の等価回路においてリアクタンス成分 X のみと考え，抵抗分と対地静電容量を無視する．

送電端電圧の大きさ $\dot{V}_s$ を一定とし，受電端に負荷を接続する．このとき流れる電流を $\dot{I}$ とする．送電端電圧 $\dot{V}_s$ と受電端電圧 $\dot{V}_r$ は

$$\dot{V}_r = \dot{V}_s - jX\dot{I}$$

の関係が成り立つ．これをベクトル図で示すと図6.1 (a) のようになる．負荷力率が1の場合は，受電端電圧 $\dot{V}_r$ と電流 $\dot{I}$ の位相は等しく，受電端電圧 $\dot{V}_r$ は図6.1 (b) のようになる．

一方，同じ大きさの電流が流れたとすると，図6.1 (c) のように電流の位相が受電端電圧の位相から $\pi/2$ 遅れたとき，$\dot{V}_r$ の大きさは最小となる．逆に，図6.1 (d) のように電流の位相が受電端電圧の位相から $\pi/2$ 進んだとき，$\dot{V}_r$ の大きさは最大となる．前者は**遅れ零力率負荷**，後者は**進み零力率負荷**と呼ばれる．後者のケースでは，受電端電圧の大きさが送電端電圧の大きさよりも大きくなる．すなわち，$|\dot{V}_r| > |\dot{V}_s|$ となる．

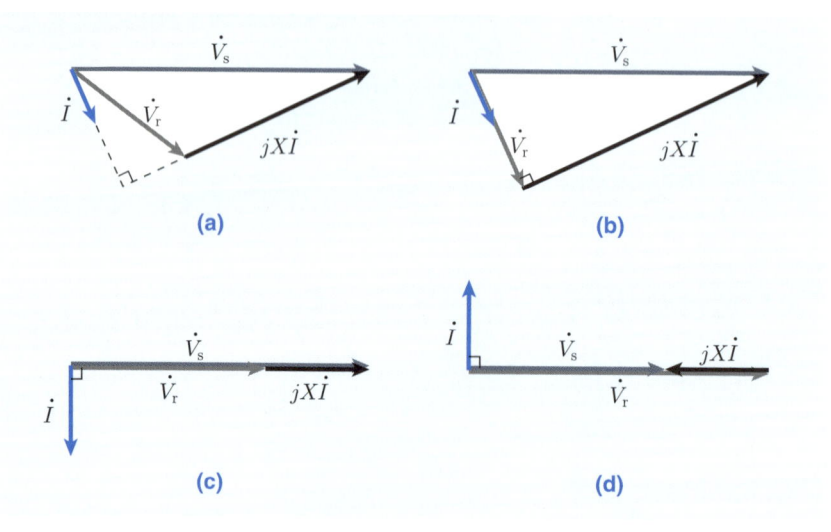

図6.1 送電端電圧，受電端電圧と電流の関係

例題6.1

受電端側に負荷がつながれていない場合，受電端電圧を計算せよ．ただし，送電端電圧を 1.0 pu，送電線のインピーダンスを $j0.2\,\mathrm{pu}$，対地アドミタンスを $j0.2\,\mathrm{pu}$ とする．

【解答】 送電線を 図6.2 の π 型等価回路で表現した場合，A～C 間の電圧が 1.0 pu であるので，受電端電圧（B～C 間の電圧）$\dot{V}_\mathrm{r}$ はインピーダンス比から以下のようになる．

$$|\dot{V}_\mathrm{r}| = 1.0 \times \left|\frac{1/j0.1}{j0.2 + (1/j0.1)}\right|$$

$$= 1.02\,\mathrm{pu}$$

すなわち，受電端電圧の方が送電端電圧より 2% 高くなる．

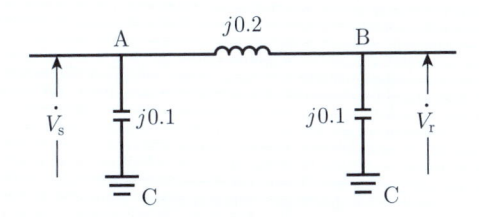

図6.2 無負荷送電線

6.2 電圧変動の感度

今，図6.3 のように，無限大母線から変圧器，送電線を介して負荷に電力を供給することを考える．簡単のために送電線の対地静電容量は無視し，変圧器も含めた送電線のインピーダンスを

$$\dot{Z} = R + jX$$

送受電端電圧を $\dot{V}_s$, $\dot{V}_r$ とし，送電端電圧（無限大母線電圧）の位相を基準にとり

$$\dot{V}_s = V_s$$
$$\dot{V}_r = V_r e^{-j\delta}$$

とする．

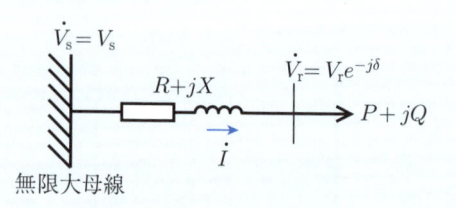

図6.3　負荷と電圧

このとき，受電端では (6.1) 式の関係式が成り立つ．

$$\begin{aligned} P + jQ &= \dot{V}_r \dot{I}^* \\ &= V_r e^{-j\delta} \left(\frac{V_s - V_r e^{-j\delta}}{R + jX} \right)^* \\ &= \frac{V_s V_r e^{-j\delta} - V_r^2}{R - jX} \end{aligned} \quad (6.1)$$

(6.1) 式を実部，虚部に分けると下式が成り立つ．

$$RP + XQ + V_r^2 = V_s V_r \cos\delta \quad (6.2)$$

$$RQ - XP = -V_s V_r \sin\delta \quad (6.3)$$

上式をそれぞれ 2 乗して加えると，(6.4) 式の関係式が得られる．この関係式から明らかなように，受電端電圧の位相 δ に無関係である．

$$(RP + XQ + V_r^2)^2 + (RQ - XP)^2 = V_s^2 V_r^2 \quad (6.4)$$

6.2 電圧変動の感度

今,受電端の有効電力負荷,無効電力負荷がそれぞれ ΔP, ΔQ だけ変化したときの,受電端電圧の大きさの変化 ΔV_r を求めよう.

(6.4) 式において,インピーダンスの R, X および送電端電圧の大きさ V_s は定数である.すなわち,受電端の有効電力負荷,無効電力負荷がそれぞれ ΔP, ΔQ だけ変化したときの,受電端電圧の大きさの変化 $\Delta V_{\mathrm{r},P}$, $\Delta V_{\mathrm{r},Q}$ は,以下のように表される.

$$\begin{cases} \Delta V_{\mathrm{r},P} = \left(\dfrac{\partial V_\mathrm{r}}{\partial P}\right) \Delta P \\ \Delta V_{\mathrm{r},Q} = \left(\dfrac{\partial V_\mathrm{r}}{\partial Q}\right) \Delta Q \end{cases} \quad (6.5)$$

(6.4) 式の V_r がそれぞれ P, Q の関数と考えて偏微分すると

$$\frac{\partial V_\mathrm{r}}{\partial P} = -\frac{(R^2+X^2)P + RV_\mathrm{r}^2}{V_\mathrm{r}(2XQ+2RP+2V_\mathrm{r}^2-V_\mathrm{s}^2)} \quad (6.6)$$

$$\frac{\partial V_\mathrm{r}}{\partial Q} = -\frac{(R^2+X^2)Q + XV_\mathrm{r}^2}{V_\mathrm{r}(2XQ+2RP+2V_\mathrm{r}^2-V_\mathrm{s}^2)} \quad (6.7)$$

一般に,電力システムでは送電端電圧,受電端電圧ともに,単位法で表すとほぼ 1 と考えて差し支えないので,(6.6) 式,(6.7) 式ともに負となる.すなわち,受電端の負荷は有効電力,無効電力いずれを増やしても,受電端電圧は下がることになる.

次に,有効電力,無効電力が同じ値だけ変化したときの電圧変化の差について見てみよう.(6.5) 式の 2 つの式の比をとり,(6.6) 式,(6.7) 式を代入すると

$$\rho = \frac{\Delta V_{\mathrm{r},P}}{\Delta V_{\mathrm{r},Q}} = \frac{(R^2+X^2)P + RV_\mathrm{r}^2}{(R^2+X^2)Q + XV_\mathrm{r}^2}$$

$Z^2 = R^2 + X^2$ とおいて

$$= \frac{Z^2P + RV_\mathrm{r}^2}{Z^2Q + XV_\mathrm{r}^2} = \frac{ZP + R\dfrac{V_\mathrm{r}^2}{Z}}{ZQ + X\dfrac{V_\mathrm{r}^2}{Z}}$$

$$= \frac{ZP + RC}{ZQ + XC} \quad (6.8)$$

となる.ここで,$C = V_\mathrm{r}^2/Z$ は受電端で短絡故障が発生したときに送電端(無限大母線)から供給される皮相電力を表す**短絡容量**[†]で,P, Q よりはるかに大

[†] 短絡容量はその地点に設置される遮断器の容量を決定する重要な数値で,短絡故障が発生したときにその地点に流れ込む電流と線間電圧を乗じたものである.

きい．また，高圧以上の電圧の高い系統では，リアクタンス X は抵抗 R よりはるかに大きいので

$$X \gg R, \quad Z \fallingdotseq X \gg R$$

となることから，(6.8) 式は以下のようになる．

$$\begin{aligned}\rho &\fallingdotseq \frac{ZP+RC}{XC} \fallingdotseq \frac{ZP+RC}{ZC} \\ &= \frac{P}{C} + \frac{R}{Z} \\ &\ll 1\end{aligned} \quad (6.9)$$

すなわち，高圧以上の系統においては，電圧変動に対しては無効電力の影響が有効電力の変動に比してはるかに大きいことがわかる．

このことから，図6.3 の負荷点の電圧を上げるためには，この点での無効電力負荷を減少させる．すなわち，この点で無効電力を供給することが効果的であることがわかる．逆に，電圧を下げるためには，この点での無効電力負荷を増加することが効果的である．

なお，電圧が低い系統，例えば 6～7 kV の配電系統では X と R の値のオーダーが変わらない．このため，(6.9) 式から，低圧系統では電圧に対する感度は有効電力も大きくなることに注意する必要がある．

6.3 無効電力の供給

電力システムにおいては，特に電圧階級が高くなるほど，送電線あるいは変圧器のリアクタンスが抵抗よりもはるかに大きい．送電線あるいは変圧器に電流 $\dot{I}$ が流れると，それぞれのインダクタンスで $|\dot{I}|^2 X$ の無効電力損失が発生し，これは抵抗により生じる有効電力損失 $|\dot{I}|^2 R$ よりもはるかに大きい．送電端あるいは受電端のどちらか一方から無効電力を供給しても，そのうちの多くが消費されてしまい相手端に届く量は少ない．この無効電力損失の分を上乗せして送ろうとすると，電流が大きくなり今度は有効電力損失が増大してしまう．したがって，送電線や変圧器で生じる無効電力損失を送電端と受電端から供給することが望ましい．これが電圧・無効電力に関して局地的な対応を求められるゆえんであり，無効電力の供給においては量だけではなく場所の選定が重要となる．

電力システムにおける無効電力の供給源としては次があげられる．

(1) 発電機
(2) 電力用コンデンサ，分路リアクトル
(3) 同期調相機
(4) 静止型無効電力補償装置
(5) 送電線（架空送電線，ケーブル）

このうち，(5) の送電線は対地静電容量によるもので，無効電力の供給に関しては直接制御することはできない．一般に，(2)〜(4) を総称して**調相設備**と呼ぶ．

(1) **発電機**

発電機を，**背後電圧一定モデル**で考える．すなわち，発電機を内部誘起起電力 $\dot{E}_g$（これを**背後電圧**と呼ぶ）と同期リアクタンス X_g で表現する．背後電圧 $\dot{E}_g$ は励磁電流に比例する．このときの背後電圧 $\dot{E}_g$ と発電機端子電圧 $\dot{V}_t$，発電機電流 $\dot{I}_g$ の関係は

$$\dot{V}_t = \dot{E}_g - jX_g \dot{I}_g$$

となるので，図6.4 (a), (b), (c) のように表される．発電機端子電圧 V_t と発電機電流 I_g の間の力率が発電機の**力率**となる．図6.4 から，発電機端子電圧を一定とすれば，発電機の力率が遅れ力率（端子電圧よりも電流の位相が遅れている）から進み力率（端子電圧よりも電流の位相が進んでいる）に変化するにつれて，背後電圧の大きさが減少する．すなわち，励磁電流を減らさなければならないことがわかる．

(a) 遅れ力率　　　　**(b)** 力率 1　　　　**(c)** 進み力率

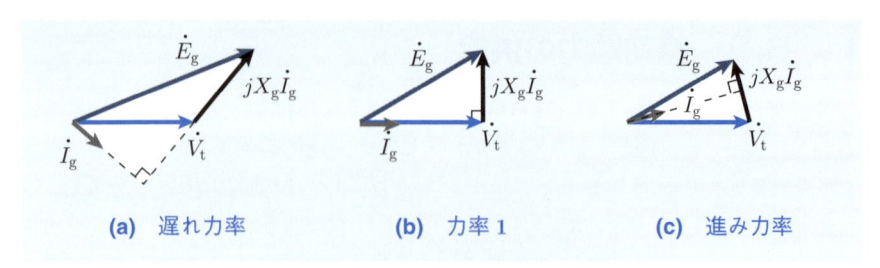

図 6.4　端子電圧と背後電圧の関係

発電機端子電圧の位相を基準とし，背後電圧を
$$\dot{E}_g = E_g e^{j\delta}$$
とする．このとき，発電機が供給する有効電力，無効電力は (6.10) 式のようになる．

$$\begin{aligned} P + jQ &= \dot{V}_t \dot{I}_g^* \\ &= V_t \left(\frac{E_g e^{j\delta} - V_t}{jX_g} \right)^* \\ &= \frac{V_t E_g}{X_g} \sin\delta + j\left(\frac{V_t E_g}{X_g} \cos\delta - \frac{V_t^2}{X_g} \right) \end{aligned} \qquad (6.10)$$

すなわち

$$\begin{aligned} P &= \frac{V_t E_g}{X_g} \sin\delta \\ Q &= \frac{V_t E_g}{X_g} \cos\delta - \frac{V_t^2}{X_g} \end{aligned} \qquad (6.11)$$

今，端子電圧の大きさを一定に保ち，供給する有効電力を一定にするためには，δ を調整する必要がある．すなわち，有効電力 P_0 を供給する δ_0 は (6.12) 式で表される．

$$\sin\delta_0 = \frac{X_g P_0}{V_t E_g} \qquad (6.12)$$

これを発電機が供給する無効電力を表す (6.11) 式に代入すると，(6.13) 式が得られる．

$$Q = \frac{\sqrt{V_t^2 E_g^2 - X_g^2 P_0^2}}{X_g} - \frac{V_t^2}{X_g} \qquad (6.13)$$

この式から明らかなように，発電機の有効電力，端子電圧を一定に保てば，背後電圧を大きくすれば供給できる無効電力が増加する．逆に，背後電圧を小さくすれば無効電力が減少する．さらに場合によっては，無効電力が負，すなわ

6.3 無効電力の供給

ち無効電力を消費することができる．

一般に，背後電圧を上げれば発電機端子電圧は上がり，背後電圧を下げれば発電機端子電圧は下がる．すなわち**自動電圧調整装置**（**AVR**）によって，発電機端子電圧を調整することで，供給される無効電力を調整することができる．

(2) 電力用コンデンサ，分路リアクトル

無効電力の供給源，消費源としては，① コンデンサあるいは ② リアクトルが一般的に用いられる．これらは母線に並列に接続される．① は**電力用コンデンサ**（shunt capacitor）と呼ばれ，無効電力の供給源として用いられる．② は**分路リアクトル**（shunt reacter）と呼ばれ，無効電力の消費源として用いられる．

電力システムにとって必要な無効電力は負荷の状態によって変わるため，これらコンデンサ，リアクトルはスイッチで接続されたり，切り離されたりする．なお，ケーブルの対地静電容量を補償するリアクトルは常に接続されている場合がある．これは**直付けリアクトル**と呼ばれる．

コンデンサ，リアクトルのアドミタンスを $\dot{Y}$，接続されている母線の電圧を $\dot{V}$ とすれば，これらにより $|\dot{Y}||\dot{V}|^2$ の無効電力が供給（コンデンサの場合，リアクトルの場合は消費）される．この式から明らかなように，母線電圧が大きく変動する場合には，供給（消費）される無効電力が大きく変動するという欠点はあるものの，他の調相設備に比べて安価で低損失であるため，広く用いられている．

(3) 同期調相機

発電機のところで説明したように，同期機は励磁電流を変えることで供給（消費）する無効電力を変化させることができる．線路に無負荷の同期電動機を接続して，励磁電流を変化させることで，供給（消費）する無効電力を制御することができる．このような目的に用いられる同期電動機を**同期調相機**（synchronous phase modifier）と呼ぶ．スイッチで開閉する電力用コンデンサや分路リアクトルと異なり，連続かつ高速に無効電力を調整できるという特徴がある．ただ，電力用コンデンサや分路リアクトルに比べて高価であること，回転機であるためメンテナンスが面倒であるという欠点もある．このため電圧維持のニーズが特に強い特定の変電所にのみ設置されるのが現状である．

(4) 静止型無効電力補償装置

静止型無効電力補償装置（**SVC**：Static Var Compensator）は，半導体素子を交流スイッチとして利用し，等価的にインピーダンスを可変にして，無効電力を制御するものである．

6.4 電圧無効電力制御

　電力システム内各部の電圧を基準値付近に維持することは，需要家に供給する電力の品質を保つ上で重要である．それとともに，系統構成機器の安定的な利用の上でも重要である．さらに，供給の安定性（系統で事故が発生した際に，供給支障（停電）を引き起こすことなく供給を継続する能力）や送電損失の低減といった観点からも重要である．

　これまでに説明してきたように，高圧系統の電圧に対する感度は，有効電力より無効電力の方がはるかに大きい．すなわち，系統内の電圧を制御するためには，無効電力の供給（消費）量を制御するのが効果的である．

　この他，変圧器の**タップ制御**（**タップ切換**）も電圧制御の目的に用いられる．変圧器は基準となる電圧に対応したタップの前後に±2.5%もしくは±1.5%きざみで数個のタップがつけられているのが普通で，このタップを切り替えることで電圧を制御するものである．無効電力を制御するのではなく，電圧を直接制御するもので，基幹系統の変圧器から配電系統の変圧器にいたるまで，幅広く用いられている．特に，電圧制御においては，負荷電流を流したままで（無電圧にすることなしに）タップを切り換えることができる**負荷時タップ切換装置**（**LTC**：on-Load Tap Changer）付の変圧器が用いられる．

　電圧制御（一般には，無効電力の調整による電圧制御であるため，**電圧無効電力制御**（**VQC**：Voltage reactive power Control）[†]と呼ばれる）には，2つの方式がある．

　(1)　**中央制御方式**（または**総合制御方式**）

　中央給電指令所に系統内のすべての情報を集めて集中管理し，系統全体から見て最適な制御量を決定する方式である．例えば，系統全体の送電損失を最小化するような目的関数を選定し，この目的関数が最小となるように個々の変電所に制御指令を出す．最適化という観点からは優れているものの，膨大なデータの収集，および最適化のための処理が必要である．電力システムの規模が比較的小さい系統に適したものである．

　(2)　**ローカル制御方式**（または**個別制御方式**）

　各変電所において，一次電圧，二次電圧，変圧器通過無効電力など，あらかじめ決められた範囲におさまるよう，制御量を変電所ごと個別に決定する方法

[†] 無効電力は Q で表示するのが一般的であるため，電圧無効電力制御を VQC と呼ぶ．

である．上記範囲は，系統の状態に応じてスケジュール的に（時間ごとに）決定されることが多い．電力システムの規模が大きい系統に適したものである．

ここでは，ローカル制御方式の一例を示す．ローカル制御方式にも制御目標を何にするかにより，いくつかの種類があるが，**図6.5**は一次側（高圧側）電圧V_1と二次側（低圧側）電圧V_2がともに許容範囲に入るように制御する例を示す．調相設備の頻繁な入り・切り，あるいは変圧器タップの頻繁な切換えを防止するように，基準電圧からの逸脱ΔV_1, ΔV_2には**不感帯**が設けられている．

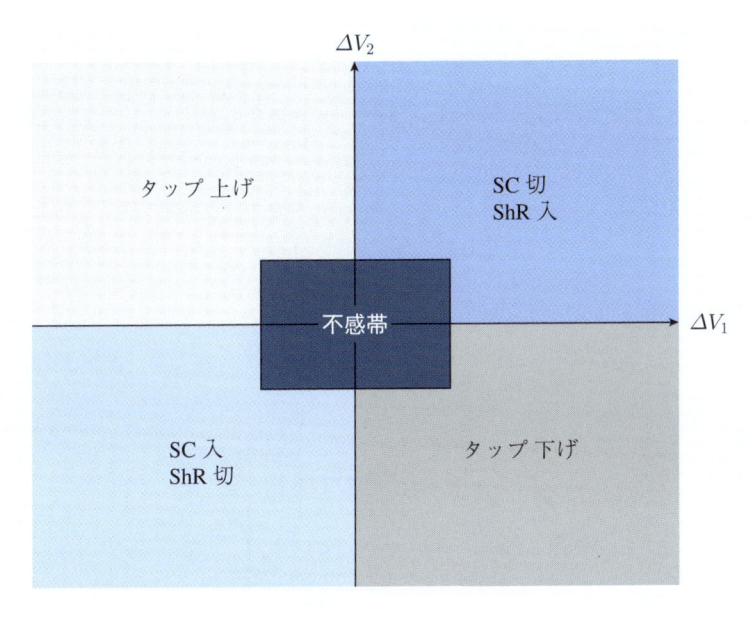

図6.5 VQCの一例

ΔV_1とΔV_2がこの不感帯を外れて第一象限にある場合は，無効電力の供給が過剰であるため，**電力用コンデンサ（SC）**を切る，あるいは**分路リアクトル（ShR）**を入れるなどの制御を行う．逆に第三象限にある場合は，無効電力が不足しているため，ShRを切る，あるいはSCを入れるなどの制御を行う．

一方，ΔV_1とΔV_2が不感帯から外れて第二象限にある場合は，変圧器のタップを大きくするようにタップを上げる．逆に，不感帯から外れて第四象限にある場合は，変圧器のタップが小さくなるようにタップを下げる．

6章の問題

6.1 図6.6のような系統で，275 kVの無限大母線から，インピーダンス $0.01 + j0.2\,\mathrm{pu}$ を介して力率 0.98，$P = 1\,\mathrm{pu}$ の負荷に電力を供給している．
(1) 負荷の無効電力 Q，受電端電圧の大きさ V_r を計算せよ．ここで，無効電力負荷は遅れ（遅相）とせよ．
(2) $\rho = \dfrac{\partial V_\mathrm{r}/\partial P}{\partial V_\mathrm{r}/\partial Q}$ を求めよ．

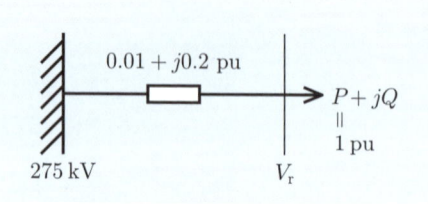

図6.6 負荷系統の例 (1)

6.2 図6.7のような系統で，送電線の送電損失を最小にするときの受電端側の電力用コンデンサの容量 C を求めよ．ここで，送電線の静電容量は無視する．

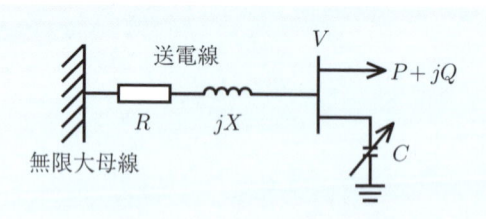

図6.7 負荷系統の例 (2)

6.3 同期発電機から系統に（進みの）無効電力をより多く供給したい．このとき，発電機の励磁電流をどうすればよいか説明せよ．

第7章
電力システムにおける周波数の特性

　電気の品質として周波数の安定は非常に重要である．本書では，電力システムの周波数を維持する必要性について触れた後，なぜ，系統の周波数が変化するかについて学ぶ．次に，電力システムは複数の電力会社が連系されているのが普通であるが，このような連系系統における周波数と連系線潮流の関係について考える．さらに周波数を基準値に保つための負荷周波数制御の方式について説明する．

7.1 周波数維持の必要性

まず最初に,電力システムの周波数を規定値に保たなければならない理由について考えてみよう.

7.1.1 需要家側からの必要性

需要家側から見ると,系統周波数が一定に保たれていると,電動機の回転速度が一定に保たれるので,製品の質の向上につながる.

しかしながら,最近はパワーエレクトロニクス装置を用いたモータの速度制御が広く行われるようになっている.そのため,需要家側から見た場合,系統周波数が一定に保たれている必要性は以前ほど大きくはない.

7.1.2 系統側からの必要性

一方,系統側から見ると,系統周波数が変動するということは,同期発電機と直結しているタービンあるいは水車の回転数が変化するということを意味する.特に,近年の大容量火力発電機ではタービンに薄い巨大な翼を用いているため,周波数が変化,特に低下すると,タービン翼が振動を起こし,場合によってはタービン翼の共振周波数に接近して疲労破壊する可能性もある.このため,系統周波数が規定値から大きくずれた場合,機器を保護するために**発電ユニット**[†]を停止することがある.

このように,系統周波数を規定値に維持することは,需要家側,系統側の両者にとって重要である.しかし,近年はむしろ電力供給の安定という観点から系統周波数を維持しているといえる.

[†] 発電ユニット:発電機とボイラ,タービン(火力の場合),あるいは水車(水力の場合)をあわせたものを発電ユニットと呼ぶ.発電所は発電ユニットが複数設置されたものをいう.火力発電ユニット,水力発電ユニットをそれぞれ火力機,水力機と呼ぶこともある.

7.2 有効電力と周波数の関係

ここでは，電力システムにおける有効電力と周波数の関係について考える．

電力システムの周波数は発電機の回転数で決まる．発電ユニットでは，機械的入力，すなわち火力の場合は蒸気タービン，水力の場合は水車からの回転エネルギーが電気エネルギーに変換される．機械的入力と電気的出力がバランスしていれば，発電機は一定の回転数で運転され周波数は一定となる．しかし，実際の系統では負荷は時々刻々変化している．一方，発電ユニットの機械的入力は瞬時に変えることができないため，発電ユニットの機械的入力と電気的出力がバランスしないことになる．発電機の動揺方程式（5章安定度を参照）から

- 機械入力が電気出力を上回っている場合，発電機の回転数は上昇，すなわち周波数が上がり続ける．
- 機械入力が電気出力を下回っている場合，発電機の回転数は下降，すなわち周波数は下がり続ける．

実際には，後述のように発電ユニットではガバナ制御（調速制御）が働き，負荷にも自己制御性があるため，必ず安定な周波数で運転されることになる．

7.2.1 発電ユニットのガバナ制御

発電ユニットでは，周波数（回転数）が上昇すると，蒸気加減弁（火力）あるいはガイドベーン（水力）を動かし，タービン（水車）への蒸気流量（水量）を抑制する．逆に，周波数が下降するとタービン（水車）への蒸気流量（水量）を増加する．つまり，発電ユニットへの機械的入力すなわち電気出力を制御している．このように発電機の回転速度を一定に維持するように，**ガバナ（調速機）**の動作によって機械的入力を制御することを**ガバナ制御**あるいは**調速制御**（speed governing control）と呼ぶ．図7.1にガバナの構成を示す．出力指令値は中央給電指令所等から指令される発電機出力の目標値である．出力指令値が変化

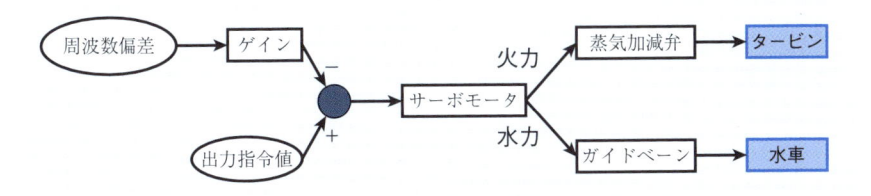

図7.1 ガバナの構成

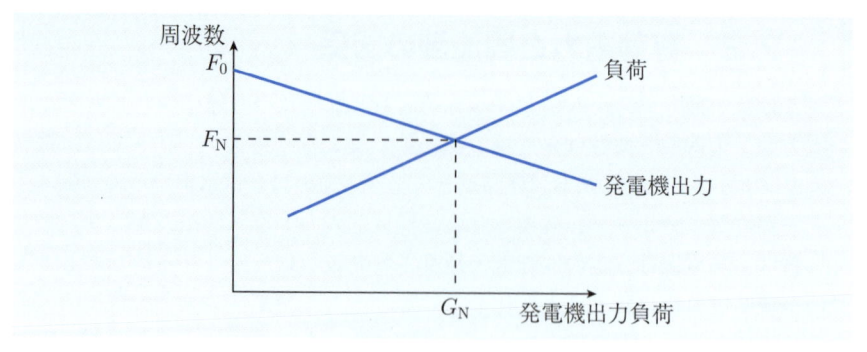

図7.2　発電機出力，負荷の周波数特性

しない場合，基準周波数（50 Hz または 60 Hz）からのずれ，すなわち**周波数偏差**に応じた出力がサーボモータに与えられ，火力ユニットの場合は蒸気加減弁の開度を，水力ユニットの場合はガイドベーンの開度を変える．すなわち，機械入力を調整し，発電機出力が変化することになる．7.4節，7.5節の**負荷周波数制御**を行う場合は，出力指令値そのものも変化し，周波数偏差と出力指令値の変化に応じた出力がサーボモータに与えられることになる．

出力指令値が一定の場合を考えよう．実際には，周波数と発電機出力の関係は必ずしも直線で表されるわけではないが，簡単のために，図7.2 ではこの関係が直線で表されるものとしている．

今，**基準周波数（定格周波数）**あるいは**定格回転速度**を F_N，無負荷時回転速度（周波数）を F_0 とすると

$$\varepsilon = \frac{F_0 - F_N}{F_N} \times 100\,\% \tag{7.1}$$

を**速度調定率**（speed regulation）と呼ぶ．ε の定義から明らかなように，ε が小さいほどわずかの周波数変化で電気出力が大きく変化することになる．周波数の安定のためには，ε は小さい方が望ましいが，あまりにも小さいと，わずかな周波数変化に対して，出力が大きく変動することになり，発電ユニットの寿命にとっては望ましくない．一般に ε は 4～5% 程度に設定されているのが普通である．

単位周波数（1 Hz）の変化に対して，発電機出力が定格出力 G_N の何%変化するかを**発電力特性**%K_G とすれば

$$\%K_G = \frac{100}{F_0 - F_N} \,\%\text{MW/Hz} \tag{7.2}$$

となる．この式に速度調定率の定義式 (7.1) 式を代入すると

$$\%K_G = \frac{100 \times 100}{\varepsilon \times F_N} \,\%\text{MW/Hz} \tag{7.3}$$

7.2 有効電力と周波数の関係

となる．このことから，速度調定率が 4% であれば，1 Hz の周波数変化に対して，50%（50 Hz の場合），41.7%（60 Hz の場合）出力が変化することになる．

注意

%MW/Hz：1 Hz の周波数変化により，出力が定格容量の何%変化するかを示す．
MW/Hz：1 Hz の周波数変化により，出力が何 MW 変化するかを示す．

7.2.2　負荷の周波数特性

負荷についても，図7.2 に示すように周波数が上昇すると負荷が増加するという特性があることが知られている．これは，例えば，負荷のかなりの部分を占める回転機負荷を考えると，周波数の上昇によりモータの回転数が上昇する一方，モータにつながれた機械的負荷トルク（ファン，ポンプ等）は一定である．結果として負荷（回転数 × 機械的負荷トルク）が増加することで理解できる．この他，定インピーダンス負荷（電熱負荷）であっても，周波数の上昇に伴う系統電圧の上昇で負荷が増加するケースもある．このように負荷に関しては周波数が上昇するに従い消費電力が増加するという特性があり，これを**自己制御性**と呼んでいる．

7.2.3　系統の周波数特性

さて，図7.3 に示すように，系統内の発電機をまとめた仮想的発電機と負荷をまとめた仮想的負荷がつながれている系統を考える．

定格周波数で運転している状態，すなわち発電量と負荷がバランスしている状態から，何らかの理由

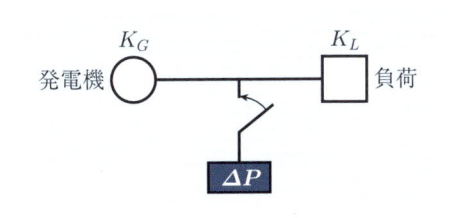

図7.3　仮想系統

で発電量と負荷に ΔP のアンバランス（発電力が多い場合を正とする）が生じ，系統周波数が ΔF だけ変化した場合を考えよう．

今，周波数が 1 Hz 変化したときに発電機の出力が変化する割合の絶対値を K_G [MW/Hz]，負荷が変化する割合を K_L [MW/Hz] とする．発電機の出力変化量 ΔG は $-\Delta F \times K_G$（マイナス符号は周波数が上昇した場合，発電出力が減少することを意味している），負荷の変化量 ΔL は $\Delta F \times K_L$ となる．すなわち，発電出力の変化 ΔG と負荷の変化 ΔL により需給アンバランス ΔP が吸

収されたことになる．

$$\Delta P + (\Delta G - \Delta L) = 0$$
$$\Delta P = (K_G + K_L)\Delta F \tag{7.4}$$

ここで

$$K = K_G + K_L \,[\text{MW/Hz}]$$

を，**系統（特性）定数**（system constant）と呼ぶ．K の値が大きいほど，系統内に発生した需給アンバランスによる周波数偏差が小さい．すなわち，周波数が変化しにくいことを意味している．

K の値は，運転している発電機の特性等で変化する．特に，**系統容量**（運転している発電機の定格容量の和，あるいは総需要）に大きく依存するため，一般に系統容量に対する百分率で表現されることが多い．すなわち

$$\%K = \frac{100 \times K}{\text{系統容量}} \,[\%\text{MW/Hz}]$$

で，10～20％MW/Hz の範囲にあることが知られている．なお，単位としては，[％MW/Hz] よりも，[％MW/0.1Hz] が使われるのが一般的である．後者は前者の 1/10 の値である．なお，%K も系統定数と呼ばれる．

■ **例題7.1** ■

新設の火力発電機 1000 MW の 1/2 出力でのガバナカット試験（運転中に系統から切り離す試験）を行ったところ，周波数は 0.045 Hz 低下した．この系統の系統定数を求めよ．ただし，系統容量は 100 GW とする．

【解答】 定格 1000 MW の 1/2 出力でガバナカット試験を行ったので，ユニット解列直後は系統に 500 MW の需給アンバランス（発電力不足）が生じている．この 500 MW の需給アンバランスで 0.045 Hz 周波数が低下したのであるから，系統定数 K は

$$K = \frac{500}{0.045} = 11111 \,\text{MW/Hz}$$

となる．よって %K は

$$\%K = \frac{11111}{100000} = 11.1\%\text{MW/Hz} = 1.11\%\text{MW/0.1Hz}$$

となる．　■

上記系統定数 K は厳密には，運用状態により変化するが，10～20％MW/Hz というのは，平均的な値ということができる．

7.3 連系系統の周波数—潮流特性

単独系統において発電量, 負荷量が急変したときの周波数変化は前節で述べたようになるが, 系統が連系された場合（連系系統の場合）はどうなるであろうか.

図7.4 のように, A, B 2つの系統が1本の送電線（連系線）で連系されている場合を考えよう. 今, A 系統で

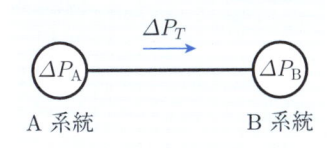

図7.4　2 連系統

$$\Delta P_A = \Delta G_A - \Delta L_A$$

一方 B 系統でも

$$\Delta P_B = \Delta G_B - \Delta L_B$$

（ΔG：発電変化量, ΔL：負荷変化量）の需給アンバランスが生じ, 周波数が ΔF だけ変化したとしよう. この場合, A 系統側では周波数変化により需給アンバランス分の一部は吸収されるが, 残りは連系している送電線を通して B 系統に流れる. B 系統でも周波数変化により需給アンバランス分の一部は吸収されるが, 残りは連系している送電線を通して A 系統から流れ込むことになる. この潮流変化分を ΔP_T （A 系統から B 系統へ向かう方向を正とする）とすれば, A 系統側では, 次のような関係式が成り立つ.

$$\Delta P_A = K_A \Delta F + \Delta P_T \tag{7.5}$$

一方, B 系統側でも, 次のような関係式が成り立つ.

$$\Delta P_B = K_B \Delta F - \Delta P_T \tag{7.6}$$

ここで, K_A, K_B は A, B それぞれの系統の系統定数である. これより

$$\begin{cases} \Delta F = \dfrac{\Delta P_A + \Delta P_B}{K_A + K_B} \\ \Delta P_T = \dfrac{K_B \Delta P_A - K_A \Delta P_B}{K_A + K_B} \end{cases} \tag{7.7}$$

すなわち, 周波数偏差は需給アンバランス量を両系統の系統定数の和で割った値となる. これは当然 A, B 2つの系統と考えずに, 1つの系統と考えた場合の周波数偏差と同じである.

例題7.2

A系統で30 MWの電源脱落が発生したときの,周波数変化と連系線潮流変化を求めよ.ただし,A,B系統の系統容量をそれぞれ1000 MW,500 MWとし,系統定数は両系統とも1%MW/0.1Hzとする.

【解答】

A系統の系統定数は $0.01 \times 1000 = 10\,[\mathrm{MW}/0.1\mathrm{Hz}] = 100\,[\mathrm{MW}/\mathrm{Hz}]$

B系統の系統定数は $0.01 \times 500 = 5\,[\mathrm{MW}/0.1\mathrm{Hz}] = 50\,[\mathrm{MW}/\mathrm{Hz}]$

A系統における電源脱落により,$-30\,\mathrm{MW}$の需給アンバランス(マイナスは発電力不足を表す)が発生したので,(7.7)式より

$$\Delta F = -\frac{30}{100+50} = -0.2\,\mathrm{Hz}$$

$$\Delta P_T = \frac{50 \times (-30)}{100+50} = -10.0\,\mathrm{MW}$$

すなわち,周波数は0.2 Hz低下し,連系線にはB系統からA系統に向けて10.0 MW潮流が変化する((7.7)式では連系線の潮流はA系統からB系統に向かう方向を正としている)ことになる.

ところで,通常A,B両系統で,発電力の変化分 ΔG_A, ΔG_B は把握できるが,それぞれの系統の負荷の変化分 ΔL_A, ΔL_B を直接知ることはできない.しかし,両系統で

$$\begin{cases} \Delta P_\mathrm{A} = \Delta G_\mathrm{A} - \Delta L_\mathrm{A} = K_\mathrm{A} \Delta F + \Delta P_T \\ \Delta P_\mathrm{B} = \Delta G_\mathrm{B} - \Delta L_\mathrm{B} = K_\mathrm{B} \Delta F - \Delta P_T \end{cases} \quad (7.8)$$

の関係が成り立つので,周波数変化 ΔF および連系線潮流変化 ΔP_T を測定すれば,需給アンバランス分 ΔP_A, ΔP_B を知ることができる.このためには,各系統の系統定数 K_A, K_B を正確に把握しておく必要があり,この点からも<u>系統定数の正確な把握が重要</u>となる.実際,新しい発電機が運転を開始する際には,例題7.1で説明したようなガバナ試験を行い,系統定数の推定が行われている.

7.4 負荷周波数制御 —単独系統の場合—

周波数の変化は，発電ユニットへの機械的入力と電気的出力のアンバランスによって発生することを説明した．このことから，周波数制御を行うためには，周波数が低下した場合は機械的入力を増やし，逆に周波数が上昇した場合は機械的入力を抑制すればよいことになる．

ところで，周波数が変化するのは系統内の負荷が変動するためである．このために，**負荷変動**の性格を明らかにすることはきわめて重要なことである．一般に負荷変動は2つに大別できる．

(1) 日負荷変動に見られるゆっくりした大きな変化
(2) 変動量は大きくないが，短い周期で頻繁に起こる変化

このうち，(1)の負荷変動はある程度正確に予測することが可能なため，発電機は経済的なスケジュール運転（**経済負荷配分運転**（**ELD**：Economic Load Dispatch）と呼ばれる）が行われる．一方，(2)の短い周期で起こる負荷変動は予測することが実際上，不可能である．**負荷周波数制御**（**LFC**：Load Frequency Control）ではこの変化を対象とする．

負荷周波数制御では，**中央給電指令所**が周波数に応じて各発電機に出力調整の指令を出す．この出力調整の指令はすべての発電機に対して出されるのではなく，速い出力変動を行っても問題とならない石油焚き火力機や水力機に対して出される．一方，原子力機，さらには運用上の理由で出力変動を避けたい発電機には出力調整指令は出されない．このように，負荷周波数制御では，中央給電指令所から指令が出されるため，実際に出力が変化するまでには指令の伝送遅れを含めて数十秒程度の遅れがあるのが普通である．

(2)の負荷変動についてみると，数十秒程度より短い変動とそれより長い10分程度以下の変動に分けることができる．数十秒より短い変動に対しては，前述のように出力指令を出しても，発電機出力が変化しないため，負荷周波数制御の対象とはしない．しかしながら，このような負荷変動に対しても需給アンバランスが発生するため，周波数は短い周期で変動する．そこで，このような短い周期の変動に対しては発電機の調速制御で，調速制御でも対応できないさらに短い周期の変動に対しては負荷の特性（自己制御性）で対応することになる．すなわち，数十秒から10分程度の周期の負荷変化に対して，負荷周波数制御が対応することになる．

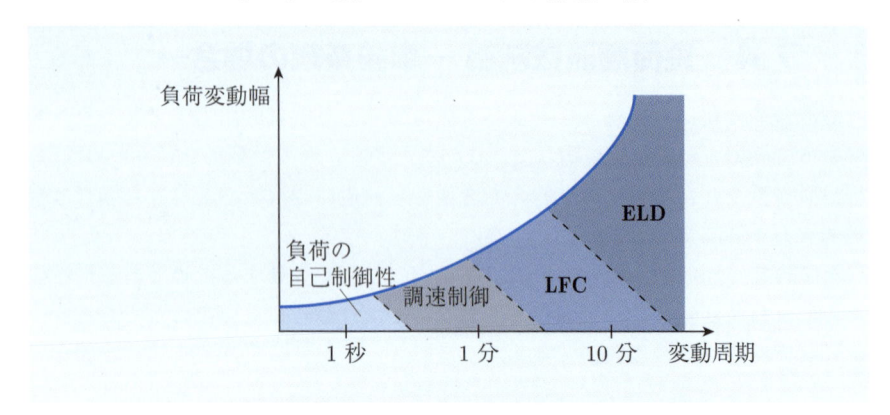

図7.5　負荷変動の制御分担

負荷変動幅と変動周期の関係において，図7.5のように経済負荷配分運転，負荷周波数制御，調速制御の分担を決めることができる．

負荷周波数制御の目的は，周波数を許容値内に収めることである．周波数偏差は負荷量と発電量のアンバランスで発生するので，周波数偏差に応じて発電機出力を調整すればよく，一般的には **PI 制御**が用いられる．

PI 制御は，周波数偏差に応じた比例量，積分量を組み合わせて，発電機に出力指令を出すものである．すなわち，周波数偏差 ΔF に対して

$$\Delta G = \alpha \Delta F + \beta \int \Delta F dt \tag{7.9}$$

で出力調整量を計算し，これを各発電機に配分するものである．第1項の比例量だけでなく第2項の積分量を含めることで，周波数偏差だけでなく，制御のオフセット（時差と呼ばれる）についても0に近づけることができるが，α, β をいかに設定するかという問題がある．

■ **例題7.3** ■

(7.9) 式において α の設定が適当でない場合，周波数偏差がどうなるか考えよ．

【解答】 α の設定が大き過ぎると，出力調整量が大きくなり過ぎ，結果として，周波数が大きく変動してしまうことになる．逆に，α の設定が小さ過ぎても，負荷変動後の始めの周波数偏差が大きくなる．

7.5 負荷周波数制御 —連系系統の場合—

連系系統の負荷周波数制御について考えてみよう．複数の系統が電気的に接続された連系系統も一つの系統であるから，単独系統の場合と同じ負荷周波数制御を行うことは可能である．しかしながら，以下の2つの理由から単独系統の場合とは異なる制御方式が採用されている．

- 単独系統の場合は，1つの中央給電指令所が負荷周波数制御に責任を持っているのに対し，連系系統の場合はそれぞれの系統に中央給電指令所がある．
- 連系系統の場合は，構成する各系統が個別に負荷周波数制御を行うと，系統を連系するメリットが損なわれる．

このため，連系された各系統では，主に次の2つの制御方式のいずれかが採用される．

(1) 定周波数制御（**FFC**：Flat Frequency Control）

FFC は，単独系統の負荷周波数制御方式とまったく同じで，系統周波数を規定範囲内に維持しようとするものである．

ここで注意すべきことは，単独系統の場合と異なり，周波数変動の原因は自分の系統だけではなく，他の連系系統にもあるということである．このため，FFCを行う系統の発電調整量は非常に大きなものとなる．この方式は単独系統以外では連系系統内の主要系統で行われるのが普通である．

(2) 周波数バイアス連系線潮流制御
  （**TBC**：Tie-line flow frequency Bias Control）

TBC は，周波数変化と連系線潮流変化を常に検出し，(7.8) 式で計算される自系統の需給アンバランスを監視し，各系統が自分の系統内で発生した需給アンバランス分のみを調整しようとするものである．

7.3 節で説明したように，各系統内で生じた需給アンバランス ΔP は

$$\Delta P = -K \times \Delta F \pm \Delta P_T$$

（複号は連系線電力をどちらの向きで考えるかによる）で把握することができる．すなわち，ΔP だけ発電調整をすれば，自系統内で生じた需給アンバランスだけに応動することになる．この量のことを，その地域（系統）で出力調整すべき量という意味で**地域要求量**（**AR**：Area Requirement）とも，その地域で制御しきれなかった量という意味で**地域制御誤差**（**ACE**：Area Control Error）とも呼ばれる．

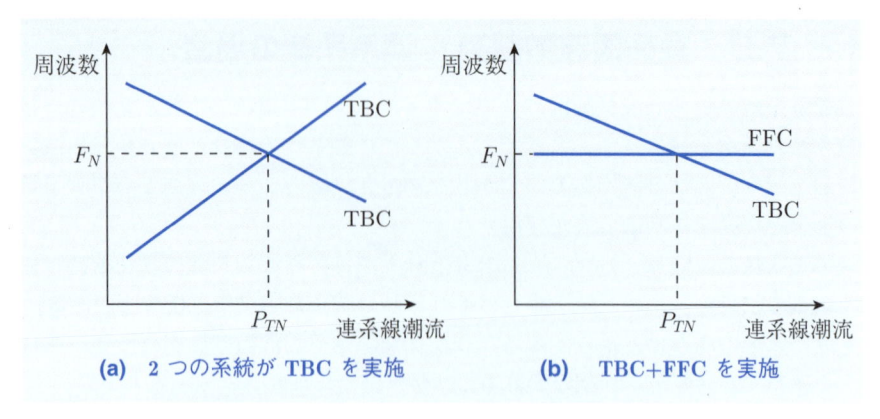

図7.6 連系系統における周波数–連系線潮流の関係

(a) 2つの系統がTBCを実施
(b) TBC+FFCを実施

2つの系統がTBCを実施している場合，TBC＋FFCを実施している場合の周波数と連系線潮流の関係を 図7.6 に示す．

■ 例題7.4 ■

例題 7.2 の連系系統において，周波数が 0.2 Hz 低下し，連系線潮流が B 系統から A 系統の方向に 10.0 MW 増加した．
(1) 地域要求量 AR の計算にあたっては，両系統の系統定数を 1%MW/0.1Hz として，A, B 両系統の AR を求めよ．
(2) 地域要求量 AR の計算にあたっては，両系統の系統定数を 0.9%MW/0.1Hz として，A, B 両系統の AR を求めよ．

【解答】 (1) の場合，(7.8) 式より，A 系統の需給アンバランス，すなわち地域要求量は，例題 7.2 と同様に A, B それぞれの系統に対して，系統定数として 100 MW/Hz，50 MW/Hz を用いて

$$AR_\mathrm{A} = 100 \times (-0.2) - 10.0 = -30\,\mathrm{MW}$$

$$AR_\mathrm{B} = 50 \times (-0.2) + 10.0 = 0\,\mathrm{MW}$$

となる．すなわち，A 系統では 30 MW 発電力が不足しているので，30 MW 発電出力を増加すればよい．一方，B 系統では発電出力の調整は行わない．

7.5 負荷周波数制御 —連系系統の場合—

(2) の場合，地域要求量の計算には A, B 各系統で以下の系統定数の値を使うことになる．

A 系統： $0.009 \times 1000 = 9\,\mathrm{MW}/0.1\mathrm{Hz} = 90\,\mathrm{MW/Hz}$

B 系統： $0.009 \times 500 = 4.5\,\mathrm{MW}/0.1\mathrm{Hz} = 45\,\mathrm{MW/Hz}$

よって，両系統の地域要求量は

$$AR_\mathrm{A} = 90 \times (-0.2) - 10.0 = -28.0\,\mathrm{MW}$$
$$AR_\mathrm{B} = 45 \times (-0.2) + 10.0 = 1.0\,\mathrm{MW}$$

となる．すなわち，A 系統では 28 MW 発電量が不足しているので，28 MW 発電出力を増加すればよい．一方，B 系統では 1 MW 発電出力が過剰であるので，1 MW 発電出力を抑制すればよい．

ところで，例題 7.2 にあるように，実際には A 系統で 30 MW の電源脱落が生じただけである．本来，TBC は各系統の需給アンバランスに見合った量だけ発電出力を調整すればよいのであるから，(1) のケースのように，A 系統のみ発電出力を調整すればよいはずである．しかしながら，(2) のケースのように，実際の系統定数とは異なる値を用いて計算すると，上記のような調整量の誤差が生じるのである．この点からも，系統定数を正確に推定することは，TBC を行う上で重要であることがわかる．

いずれの方法を採用したとして，各系統で制御（調整）すべき発電量が決定される．一般的には，出力変化速度が大きく調整が容易といった水力機や石油火力機など発電機の特性に応じて複数の発電ユニットに割り振られるのが普通である．

7.6 連系系統における周波数制御の例

我が国では，9 つの系統が連系されている．図 7.7 に現在の周波数制御方式を示す．50 Hz 系統は 3 つ，60 Hz 系統は 6 つの系統が連系されている．また 50 Hz 系統と 60 Hz 系統は周波数変換所により連系されている．

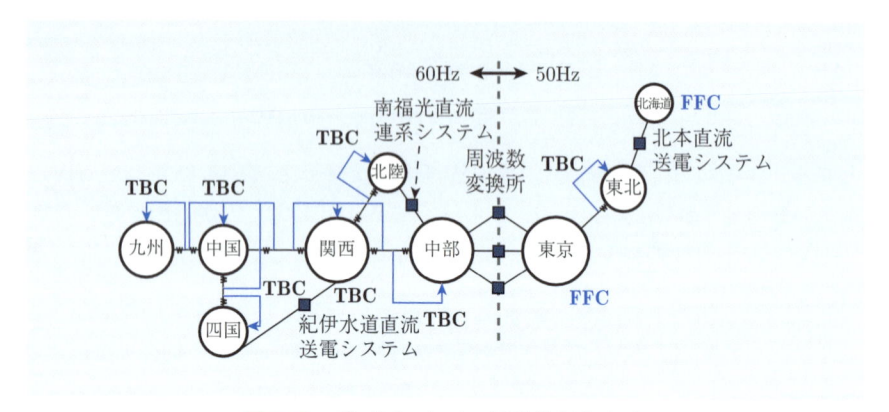

図 7.7 我が国における周波数制御方式

60 Hz 系統では，以前は関西電力系統が FFC を，他の 5 つの系統が TBC を実施していたが，現在では 6 つの系統すべてが TBC を実施している．複数の連系線を持つ系統では，連系線潮流の変化はこれらの連系線の潮流変化の総和を用いている．

なお，北陸電力系統と中部電力系統の間には南福光直流連系システムが，四国電力系統と関西電力系統の間には紀伊水道直流送電システムがあるが，これらはいずれも潮流制御（前者は北陸電力系統から中部電力系統に，後者は四国電力系統から関西電力系統に，決められた一定の電力を送電している）に用いられる．これらは後述の北本直流送電システムとは違って，常時の周波数制御の目的には用いられていない．

50 Hz 系統では，東京電力系統が FFC を，東北電力系統が TBC を実施している．北海道電力系統は 1979 年まで単独系統，すなわち他の系統と連系されていなかったため，FFC を実施しており，現在も FFC が採用されている．ただ，1979 年，本州と北海道電力系統を直流で連系する北本（北海道–本州）直流送電システムが運転後は，この直流変換設備が北海道電力系統と本州側 50 Hz 系統の周波数をできるだけ基準値（50 Hz）に維持するように，本州–北海道間の

潮流を制御するようになったため，北海道電力系統では自系統内の発電量を調整して周波数を一定に保つFFCと北本直流送電システムの潮流を制御して周波数を一定に保つ周波数制御の2本立てとなっている．

50 Hz 系統と 60 Hz 系統の間では，一方の系統の周波数が大幅に変動した場合の緊急制御は行われるが，常時の負荷周波数制御は行われていない．

一方，諸外国では，連系系統においてはTBCが中心である．北米系統とヨーロッパ系統はすべての系統がTBCを実施しており，FFCを実施している系統がないにも関わらず，周波数の変動は我が国よりも小さい．これは系統容量が大きいためである．

7章の問題

7.1 (1) 系統容量 1000 MW の系統の系統定数 [MW/Hz] を求めよ．ここで，%K = 1%MW/0.1Hz とする．
(2) 系統容量 500 MW の系統の系統定数が 45 MW/Hz である．このときの %K（%MW/0.1Hz）を求めよ．

7.2 系統容量 1000 MW の系統で，100 MW の発電機がトリップ（解列）した．
(1) 周波数変化を求めよ．ここで，%K = 1%MW/0.1Hz とする．
(2) 周波数の低下量が 0.9 Hz であった．この系統の系統定数 [%MW/0.1Hz] を求めよ．

7.3 A, B 2つの系統が連系されているとき，両系統で負荷変化が生じ，周波数が 0.1 Hz 低下し，連系線潮流が A から B 系統へ向け，50 MW 増加した．A, B 両系統において，TBC を実施しているとき，両系統の制御量を計算せよ．制御量の計算にあたって，A, B 系統の系統容量を 300 MW, 500 MW とし，それぞれの系統定数を 1%MW/0.1Hz とする．

7.4 問題 7.3 において計算された発電量を制御したときの，最終的な周波数変化および連系線潮流変化を計算せよ．ただし，過渡状態は無視し，系統状態は変わらないものとする．ここで A, B 系統の系統容量は 300 MW, 500 MW とし，それぞれの系統定数を 1.1%MW/0.1Hz とする．

● 電力システムの最後の砦：UFR ●

　停電が発生する原因の一つは送電設備，変電設備が事故等により使用できなくなり，物理的に電気を送ることができなくなった場合である．台風や大雪，さらには地震等による設備の損壊による停電がこれに相当する．

　しかしながら，停電が電力システムを守るために起きる場合もあり，この場合の影響ははるかに大きい．

　電力システムでは，発電所の事故，あるいは発電所につながれた送電線の事故により，大量の供給力が失われることがある．この場合，供給力の不足により周波数は下がることになる．普通は，**LFC（負荷周波数制御）** により周波数は元に戻る．しかし，この供給力と負荷のアンバランスが非常に大きいと周波数の低下量も非常に大きくなる．

　ところで，発電機では回転速度と系統周波数は比例している．このため，周波数が低下すると回転速度も低下し，蒸気タービンをもつ発電ユニットでは蒸気タービンの翼の共振周波数に近づき，設備を壊す恐れがある．これを避けるために，発電ユニットには系統周波数がある値以上低下すれば，設備を守るために停止させることがある．もともと，供給力が不足している状況で，さらに発電ユニットを停止するので，ますます周波数は低下し，他の発電ユニットが停止し…と最終的にすべての発電ユニットが停止し，完全に停電してしまう．

　このような最悪の事態を避けるために設けられているのが，**UFR（不足周波数リレー）** である．一般に発電機出力は急激に増加させることはできない．このため，UFRは系統周波数が大きく低下したとき（一般的に1 Hz以上），あらかじめ決められた負荷を遮断する（停電させる）ことで，瞬時に供給力と負荷をバランスさせ，系統周波数をもとに戻すものである．完全な停電を防ぐ，いわば電力システムの最後の砦ともいえるものである．

　最近は，環境性，効率性の観点から**コンバインドサイクル機（CC機）** が多数導入されるようになった．CC機はガスタービンが基礎となっており，空気圧縮機の回転数は系統周波数に依存している．このため，系統周波数が動揺すると燃焼器の動作が不安定となり停止することもある．このような事象がいったん生じると，系統周波数は不安定となり，CC機の連続的な停止により，大停電に至ることもある．実際，マレーシアや米国西海岸でこのような大停電が発生している．

問題解答

1章

1.1

交流送電方式の特徴

- 変圧器により変圧が容易である．
- 零電圧の時点があるため，遮断が容易である．
- フェランチ効果により，事故時に電圧が上昇することがある．
- 安定度の問題が生じる．

直流送電方式の特徴

- 非同期連系のため，周波数安定度問題が起きない．
- 変圧が難しい．
- 常に一定の電流が流れるため，遮断が難しい．
- 送電時の損失が大きい

などがある．

1.2

アンペール：A（アンペア）　　ジーメンス：S（ジーメンス）
クーロン：C（クーロン）　　　ヘンリー：H（ヘンリー）
ボルタ：V（ボルト）　　　　　テスラ：T（テスラ）
オーム：Ω（オーム）　　　　　ウェーバー：Wb（ウェーバ）
ファラデー：F（ファラッド）　ワット：W（ワット）　など

2章

2.1 電圧の位相を基準にとる．

$$\dot{V} = 10\,\text{kV}$$

$$\dot{I} = \frac{\dot{V}}{\dot{Z}} = \frac{10}{5-j2}\,\text{kA}$$

$$\dot{S} = \dot{V}\dot{I}^* = 10 \times \frac{10}{5+j2} = 17.2 - j6.9\,\text{MVA}$$

$$P = 17.2\,\text{MW}, \quad Q = -6.9\,\text{Mvar}$$

2.2 (1) a相電圧を位相の基準をとる．

$$\dot{E}_\text{a} = E, \quad \dot{E}_\text{b} = Ee^{j(2\pi/3)}, \quad \dot{E}_\text{c} = Ee^{j(4\pi/3)}$$

$$\dot{I}_\text{a} = \frac{\dot{E}_\text{a}}{\dot{Z}} = \frac{E}{Z_L}e^{-j(\pi/3)}, \quad \dot{I}_\text{b} = \frac{E}{Z_L}e^{j(\pi/3)}, \quad \dot{I}_\text{c} = \frac{E}{Z_L}e^{j\pi} = -\frac{E}{Z_L}$$

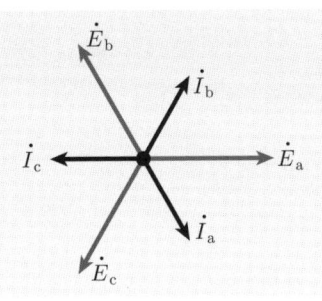

(2) a相電圧を位相の基準をとる．

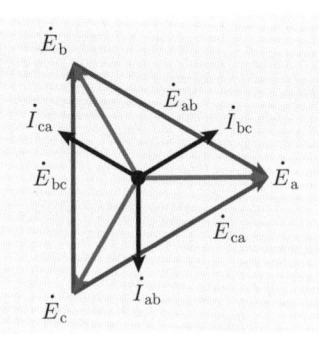

■**2.3** 相電圧は $\dfrac{100}{\sqrt{3}}$ kV　　よって $E_a = \dfrac{100}{\sqrt{3}}$ kV

1相あたりの複素電力は $\dfrac{1}{3}(30 + j9) = 10 + j3$ MVA

$\dot{S} = \dot{E}_a \dot{I}_a^*$ より $10 + j3 = \dfrac{100}{\sqrt{3}} \dot{I}_a^*$　　∴　$\dot{I}_a = \dfrac{\sqrt{3}(10 - j3)}{100} = 0.173 - j0.520$ kA

■**2.4** 1-2間のインピーダンスは

　　(a) において　$\dot{Z}_{12} // \dot{Z}_{13} + \dot{Z}_{23} = \dfrac{\dot{Z}_{12}(\dot{Z}_{13} + \dot{Z}_{23})}{\dot{Z}_{12} + \dot{Z}_{13} + \dot{Z}_{23}}$

　　(b) において　$\dot{Z}_1 + \dot{Z}_2$

1-3間，2-3間も同様にして

$$\begin{cases} \dot{Z}_1 + \dot{Z}_2 = \dfrac{\dot{Z}_{12}(\dot{Z}_{13} + \dot{Z}_{23})}{\dot{Z}_{12} + \dot{Z}_{13} + \dot{Z}_{23}} & \cdots ① \\ \dot{Z}_1 + \dot{Z}_3 = \dfrac{\dot{Z}_{13}(\dot{Z}_{12} + \dot{Z}_{23})}{\dot{Z}_{12} + \dot{Z}_{13} + \dot{Z}_{23}} & \cdots ② \\ \dot{Z}_2 + \dot{Z}_3 = \dfrac{\dot{Z}_{23}(\dot{Z}_{12} + \dot{Z}_{13})}{\dot{Z}_{12} + \dot{Z}_{13} + \dot{Z}_{23}} & \cdots ③ \end{cases}$$

$\dfrac{① + ② + ③}{2}$ より $\dot{Z}_1 + \dot{Z}_2 + \dot{Z}_3 = \dfrac{\dot{Z}_{12}\dot{Z}_{13} + \dot{Z}_{12}\dot{Z}_{23} + \dot{Z}_{13}\dot{Z}_{23}}{\dot{Z}_{12} + \dot{Z}_{13} + \dot{Z}_{23}}$ $\cdots ④$

④ $-$ ① より $\dot{Z}_3 = \dfrac{\dot{Z}_{13}\dot{Z}_{23}}{\dot{Z}_{12} + \dot{Z}_{13} + \dot{Z}_{23}}$

④ $-$ ② より $\dot{Z}_2 = \dfrac{\dot{Z}_{12}\dot{Z}_{23}}{\dot{Z}_{12} + \dot{Z}_{13} + \dot{Z}_{23}}$

④ $-$ ③ より $\dot{Z}_1 = \dfrac{\dot{Z}_{13}\dot{Z}_{12}}{\dot{Z}_{12} + \dot{Z}_{13} + \dot{Z}_{23}}$

■ **2.5** 相電圧は $\dfrac{300}{\sqrt{3}}\,\text{kV}$

1 相あたりの複素電力は $\dfrac{180 + j30}{3} = 60 + j10\,\text{MVA}$

よって相電流を $\dot{I}$ とすれば

$$\dfrac{300}{\sqrt{3}}\dot{I}^* = 60 + j10 \quad \therefore\ \dot{I} = \dfrac{\sqrt{3}}{300}(60 - j10) = 0.346 - j0.0577\,\text{kA}$$

受電端相電圧 $\dot{V}_\text{r} = \dfrac{300}{\sqrt{3}} - (0.346 - j0.0577)(2 + j30) = 170.8 - j10.3\,\text{kV}$

受電端 1 相あたりの複素電力は

$$\dot{S}_\text{r} = \dot{V}_\text{r}\dot{I}^* = (170.8 - j10.3)(0.346 + j0.0577)$$
$$= 59.7 + j6.3\,\text{MVA}$$

受電端電圧 $V = \sqrt{3}\sqrt{170.8^2 + 10.3^2} = 296\,\text{kV}$

受電端三相複素電力 $\dot{S} = 179 + j18.9\,\text{MVA}$

3章

■ **3.1** $j0.14 \times \dfrac{1000}{300} = j0.47$

■ **3.2**

$$\dot{Z} = 0.2 + j100\pi \times 50 \times 10^{-3} = 0.2 + 15.7\,\Omega$$
$$\dot{Y} = j100\pi \times 0.6 \times 10^{-6} = 1.88 \times 10^{-4}\,\text{S}$$

基準インピーダンスは $\dfrac{(154 \times 10^3)^2}{100 \times 10^6} = 237\,\Omega$

基準アドミタンスは $\dfrac{100 \times 10^6}{(154 \times 10^3)^2} = 0.0042\,\text{S}$

$$\dot{Z}_\text{p} = 0.0008 + j0.066, \quad Y_\text{p} = j0.045$$

(1) π型等価回路

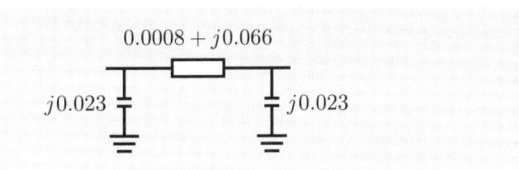

$$0.0008 + j0.066$$

$j0.023 \quad j0.023$

(2) T型等価回路

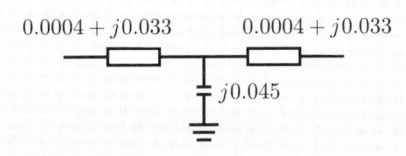

$0.0004 + j0.033 \quad 0.0004 + j0.033$

$j0.045$

■**3.3** 変圧器のインピーダンスは $j0.14 \times \dfrac{100}{300} = j0.047$

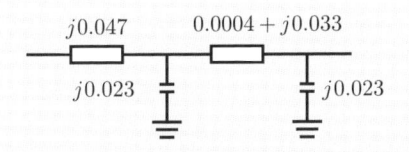

$j0.047 \quad 0.0004 + j0.033$

$j0.023 \quad j0.023$

■**3.4** 基準インピーダンスは $\dfrac{(300 \times 10^3)^2}{100 \times 10^6} = 900\,\Omega$

$$\dot{Z}_\mathrm{p} = \dfrac{1}{900}(2 + j30)$$

送電端電圧 $\dot{V}_\mathrm{sp} = 1.03$
送電端電力 $\dot{S}_\mathrm{sp} = 1.8 + j0.3$
$\dot{S}_\mathrm{sp} = \dot{V}_\mathrm{sp}\dot{I}_\mathrm{p}^*$ より $\dot{I}_\mathrm{p} = 1.75 - j0.291$
よって受電端電圧は $\dot{V}_\mathrm{rp} = \dot{V}_\mathrm{sp} - \dot{I}_\mathrm{p}\dot{Z}_\mathrm{p} = 1.03 - \dfrac{1}{900}(2 + j30)(1.75 - j0.291)$
$\qquad\qquad = 1.02 - j0.0577$

$$\dot{S}_\mathrm{rp} = \dot{V}_\mathrm{rp}\dot{I}_\mathrm{p}^* = (1.02 - j0.0577)(1.75 + j0.291) = 1.8 + j0.20$$

受電端電圧 $|\dot{V}_\mathrm{r}| = 300 \times \sqrt{1.02^2 + 0.0577^2} = 306\,\mathrm{kV}$
有効電力 $180\,\mathrm{MW}$, 無効電力 $20\,\mathrm{Mvar}$

4章

■**4.1** ノードアドミタンス行列の各要素を求めると

$$\dot{Y}_{11} = j0.05 + \frac{1}{j0.8} = -j1.20$$

$$\dot{Y}_{22} = j0.05 + j0.04 + \frac{1}{j0.8} + \frac{1}{j1.0} = -j2.16$$

$$\dot{Y}_{33} = j0.04 + j0.06 + \frac{1}{j1.0} + \frac{1}{j0.5} = -j2.90$$

$$\dot{Y}_{44} = j0.06 + \frac{1}{j0.5} = -j1.94$$

$$\dot{Y}_{12} = \dot{Y}_{21} = -\frac{1}{j0.8} = j1.25$$

$$\dot{Y}_{23} = \dot{Y}_{32} = -\frac{1}{j1.0} = j1.0$$

$$\dot{Y}_{34} = \dot{Y}_{43} = -\frac{1}{j0.5} = j2.0$$

したがって，ノードアドミタンス行列は

$$\boldsymbol{Y} = \begin{bmatrix} -j1.20 & j1.25 & 0 & 0 \\ j1.25 & -j2.16 & j1.0 & 0 \\ 0 & j1.0 & -j2.90 & j2.0 \\ 0 & 0 & j2.0 & -j1.94 \end{bmatrix}$$

■ **4.2** ノード1については

$$P_{1s} = \mathrm{Re}\left\{(-j1.20)^*(e_1+jf_1)^*(e_1+jf_1) + (j1.25)^*(e_2+jf_2)^*(e_1+jf_1)\right\}$$
$$= -1.25e_1f_2 + 1.25e_2f_1$$

$$V_{1s}^2 = e_1^2 + f_1^2$$

ノード2については

$$P_{2s} = \mathrm{Re}\left\{(j1.25)^*(e_1+jf_1)^*(e_2+jf_2) + (-j2.16)^*(e_2+jf_2)^*(e_2+jf_2)\right.$$
$$\left. + (j1.0)^*(e_3+jf_3)^*(e_2+jf_2)\right\}$$
$$= -1.25e_2f_1 + 1.25e_1f_2 - e_2f_3 + e_3f_2$$

$$Q_{2s} = \mathrm{Im}\left\{(j1.25)^*(e_1+jf_1)^*(e_2+jf_2) + (-j2.16)^*(e_2+jf_2)^*(e_2+jf_2)\right.$$
$$\left. + (j1.0)^*(e_3+jf_3)^*(e_2+jf_2)\right\}$$
$$= -1.25e_1e_2 - 1.25f_1f_2 + 2.16e_2^2 + 2.16f_2^2 - e_2e_3 - f_2f_3$$

ノード3については

$$P_{3s} = \mathrm{Re}\left\{(j1.0)^*(e_2+jf_2)^*(e_3+jf_3) + (-j2.9)^*(e_3+jf_3)^*(e_3+jf_3)\right.$$
$$\left. + (j2.0)^*(e_4+jf_4)^*(e_3+jf_3)\right\}$$
$$= -e_3f_2 + e_2f_3 - 2.0e_3f_4 + 2.0e_4f_3$$

$$Q_{3s} = \text{Im}\,\{(j1.0)^*(e_2+jf_2)^*(e_3+jf_3)+(-j2.9)^*(e_3+jf_3)^*(e_3+jf_3)$$
$$+(j2.0)^*(e_4+jf_4)^*(e_3+jf_3)\}$$
$$= -e_2e_3 - f_2f_3 + 2.9e_3^2 + 2.9f_3^2 - 2.0e_3e_4 - 2.0f_3f_4$$

ノード4はスラックノードなので
$$e_4 = V_{4s}, \quad f_4 = 0$$
となる.

■ **4.3** ノード1については $\quad 1.0 = \dfrac{\delta_1 - \delta_2}{0.8}$

ノード2については $\quad 0 = \dfrac{\delta_2 - \delta_1}{0.8} + \dfrac{\delta_2 - \delta_3}{1.0}$

ノード3については $\quad 0 = \dfrac{\delta_3 - \delta_2}{1.0} + \dfrac{\delta_3 - 0}{0.5}$

これを解くと
$$\delta_1 = 2.3, \quad \delta_2 = 1.5, \quad \delta_3 = 0.5$$
よって
$$P_{12} = 1.0, \quad P_{23} = 1.0, \quad P_{34} = 1.0$$
と潮流が求まる.

5章

■ **5.1** 事故が発生すると,動作点は図の事故前のaから事故中のb→c,事故クリア.2回線中1回線開放により,電力相差角曲線が変わりdに移動.事故クリアのタイミングにより,減速エネルギーBが加速エネルギーAと同じになるまで動作点はe近くまで移動.最終的にfの安定点に落ち着く.

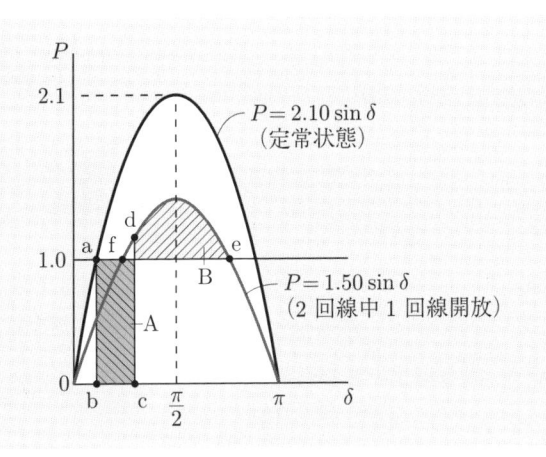

電力相差角曲線

5.2

(1) 中間開閉所：図 (a) に示すように，1 回線のときの最大電力を増すことができる．

(2) 直列コンデンサ：図 (b) に示すように，定常状態の最大電力を増すことができる．

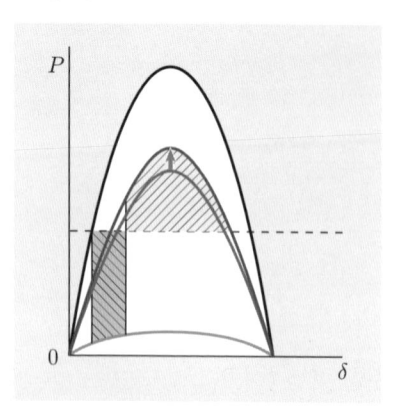

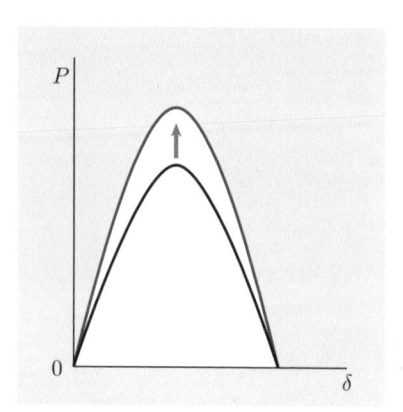

図 (a) 中間開閉所による安定度向上　　図 (b) 直列コンデンサによる安定度向上

6章

6.1　275 kV を基準電圧とする．

(1) $\tan\theta = \sqrt{\dfrac{1}{\cos^2\theta} - 1} = 0.20 \quad \therefore \quad Q = P\tan\theta = 0.20\,\text{pu}$

$$(0.01 \times 1 + 0.2 \times 0.20 + V_r^2)^2 + (0.01 \times 0.2 - 0.2 \times 1)^2 = V_r^2$$

$$V_{rp} = 0.85, \quad V_r = 275 \times 0.85 = 234\,\text{kV}$$

(2) $\rho = \dfrac{(R^2 + X^2)P + RV_r^2}{(R^2 + X^2)Q + XV_r^2} = \dfrac{(0.01^2 + 0.2^2)1 + 0.01 \times 0.85^2}{(0.01^2 + 0.2^2)0.2 + 0.2 \times 0.85^2} = 0.31$

6.2　送電損失を最小にするのは送電線を流れる電流が最小となるとき．

すなわち $Q = CV^2 \quad \begin{pmatrix} \text{ただし負荷の無効電力が遅れの場合} \\ \text{進みの場合は} \quad C = 0 \end{pmatrix}$

6.3　(6.13) 式より端子電圧 E_g を大きくすることで供給する無効電力 Q を大きくできる．背後電圧（誘導電圧）を大きくするためには励磁電流を強める．

7章

7.1

(1) $1000 \times 0.1 = 100\,\text{MW/Hz}$

(2) $\%K = \dfrac{45}{500} \times 100\%\text{MW/Hz} = \dfrac{45}{500} \times 10\%\text{MW/0.1Hz} = 0.9\%\text{MW/0.1Hz}$

問 題 解 答

■ **7.2** (1) $K = 1000 \times 0.1 = 100\,\mathrm{MW/Hz}$
$100/100 = 1\,\mathrm{Hz}$　　1 Hz 低下する
(2) $100/K = 0.9$　　$\therefore\ K = 111\,\mathrm{MW/Hz}$
よって $\%K = \dfrac{111}{1000} \times 100\%\mathrm{MW/Hz} = \dfrac{111}{1000} \times 10\%\mathrm{MW/0.1Hz}$
$\qquad\qquad = 1.1\%\mathrm{MW/0.1Hz}$

■ **7.3** $K_\mathrm{A} = 300 \times 0.1 = 30\,\mathrm{MW/Hz},\quad K_\mathrm{B} = 500 \times 0.1 = 50\,\mathrm{MW/Hz}$
$$AR_\mathrm{A} = 50 + 30 \times (-0.1) = 47$$
$$AR_\mathrm{B} = -50 + 50 \times (-0.1) = -55$$
よって A 系統では出力を 47 MW 減少，B 系統では出力を 55 MW 増加

■ **7.4** $K_\mathrm{A} = 300 \times 0.11 = 33\,\mathrm{MW/Hz},\quad K_\mathrm{B} = 500 \times 0.11 = 55\,\mathrm{MW/Hz}$
A, B 両系統で $-47\,\mathrm{MW}$, $55\,\mathrm{MW}$ 出力を変化させたので問題 7.3 の状態から
$$\Delta F = \frac{-47 + 55}{33 + 55} = 0.09\,\mathrm{Hz}\quad 周波数が変化$$
$$\Delta P_\mathrm{T} = \frac{55 \times (-47) - 33 \times 55}{33 + 55} = -50\,\mathrm{MW}\quad 連系線潮流が変化$$
すなわち最終的な周波数変化は $-0.1 + 0.09 = -0.01\,\mathrm{Hz}$
$\qquad\qquad$ 連系線潮流は $50 - 50 = 0$

索　引

あ 行

一機無限大母線系統　62
インピーダンス行列　47

宇宙太陽光発電　43

遅れ零力率負荷　70

か 行

回線　36
開放　31
開放インピーダンス　30
角周波数　16
過渡安定度　59
過渡背後電圧　61
過渡誘導起電力　61
過渡リアクタンス　61
ガバナ　83
ガバナ制御　83
火力発電所　3

基準周波数　84
基準値　32
基準ノード　50
規制緩和　11
帰路電流　20

駆動点アドミタンス　47

経済負荷配分運転　89
系統容量　86

さ 行

系統（特性）定数　86
原子力発電所　3

高速再閉路　66
高速度遮断器　66
交流法直流計算　55
個別制御方式　78
コンバインドサイクル機　97

再生可能エネルギー　12
三相交流　6

直付けリアクトル　77
次過渡背後電圧　61
次過渡誘導起電力　61
次過渡リアクタンス　61
自己アドミタンス　47
自己インダクタンス　28
自己制御性　85
自己容量ベース　35
時差　90
実効値　16
自動電圧調整装置　50, 77
集中型太陽熱発電　44
周波数　16, 84
周波数バイアス連系線潮流制御　91
周波数偏差　84
縮約　62
出力指令値　83
擾乱　58

初期位相　16
初期過渡リアクタンス　61
初期背後電圧　61
初期誘導起電力　61

水力発電所　3
進み零力率負荷　70
スマートグリッド　13
スラックノード　50

静止型無効電力補償装置　77
正相アドミタンス　38
正相インピーダンス　37
正相電圧　38
正相電流　37
接地　20
線間電圧　19
線電流　20

相互アドミタンス　47
相互インダクタンス　28
総合制御方式　78
相電圧　19
送電の高電圧化　66
相電流　20
疎行列　49
速度調定率　84

た 行

対称三相交流　6, 19
タップ切換　78
タップ制御　78
単位法　32
短絡　31
短絡インピーダンス　30
短絡容量　73

地域制御誤差　91
地域要求量　91
中央給電指令所　89
中央制御方式　78
中性線　20

中性点　20
調相設備　75
超速応励磁　66
調速機　83
調速制御　83
潮流計算　51
直流法潮流計算　54, 55

定格回転速度　84
定格周波数　84
定格電圧　20, 31
抵抗負荷　16
定周波数制御　91
定態安定度　58
電圧無効電力制御　78
電気エネルギー　3
電気自動車　6
伝達アドミタンス　47
電力系統　3
電力三角形　18
電力システム　3
電力システム工学　3
電力自由化　11
電力相差角曲線　63
電力相差角方程式　62
電力方程式　46, 51
電力用コンデンサ　77, 79

等価　22
等価回路　30
同期化力　63
同期調相機　77
同期発電機　60
同期発電機の慣性定数　60
同期リアクタンス　61
等面積法　63
動揺曲線　60
動揺方程式　60

な 行

二巻線変圧器　28

索　引

ニュートン–ラフソン法　51, 53

撚架　36

ノード　46
ノードアドミタンス行列　47

は 行

背後電圧　61, 75
背後電圧一定モデル　60, 75
発電機　75
発電所　3
発電ユニット　82
発電力特性　84

皮相電力　16

フェーザ表現　16
負荷時タップ切換装置　78
負荷周波数制御　84, 89, 97
負荷変動　89
不感帯　79
複素数表示　16
複素電力　17
複素表現　16
不足周波数リレー　97
浮遊ノード　50
ブランチ　46
分路リアクトル　77, 79

平衡三相　7
平衡三相交流　6, 19
ベース値　32
ベクトル表示　16
変電所　5

母線　46

ま 行

マイクログリッド　12
巻線比　31

無効電力　16, 50
無負荷時回転速度　84

や 行

有効電力　16, 50
誘導起電力　61
誘導性負荷　16

揚水発電所　3
容量　32
容量性負荷　16

ら 行

力率　16, 75
理想変圧器　31

連系系統　91

ローカル制御方式　78

欧 字

Δ 結線　21
Δ 接続　21
Δ 電流　21
Δ-Y 変換　22
π 型等価回路　39

ACE　91
AR　91
AVR　50, 77

CC 機　97

ELD　89

FACTS　66
FFC　91

LFC　89, 97
LTC　78

PI 制御　　90
PSS　　66
PQ 指定ノード　　50
PV 指定ノード　　50
P-δ 曲線　　63

SC　　79
ShR　　79
STATCOM　　66
SVC　　66, 77

T 型等価回路　　39
TBC　　91

UFR　　97

VQC　　78

Y 結線　　21
Y 接続　　21

著者略歴

加藤 政一

- 1982 年　東京大学大学院工学系研究科電気工学専攻博士課程修了
　　　　　工学博士
- 1982 年　広島大学工学部助手
- 1984 年　東京芝浦電気株式会社（現 株式会社東芝）入社
- 2005 年　東京電機大学工学部電気工学科（現 電気電子工学科）教授

主要著書
「電力システム工学」（丸善），「詳解 電力系統工学」（東京電機大学出版局），「電力発生工学」（数理工学社）

田岡 久雄

- 1979 年　東京大学大学院工学系研究科電気工学専門課程修士課程修了
　　　　　工学博士
- 1979 年　三菱電機株式会社入社
- 2003 年　福井工業大学工学部電気電子工学科教授
- 2010 年　福井大学大学院工学研究科准教授，2012 年教授
- 2020 年　大和大学理工学部理工学科教授

主要著書
「アルテ 21 電気回路」（共編著，オーム社）

電気・電子工学ライブラリ＝UKE–D3
電力システム工学の基礎

2011 年 10 月 10 日ⓒ　　　　　　初版発行
2021 年 9 月 10 日　　　　　　　初版第 3 刷発行

著者　加藤 政一　　　　　発行者　矢沢 和俊
　　　田岡 久雄　　　　　印刷者　小宮山 恒敏

【発行】　　　　　株式会社　数理工学社
〒151-0051　東京都渋谷区千駄ヶ谷 1 丁目 3 番 25 号
☎ (03) 5474-8661（代）　サイエンスビル

【発売】　　　　　株式会社　サイエンス社
〒151-0051　東京都渋谷区千駄ヶ谷 1 丁目 3 番 25 号
営業☎ (03) 5474-8500（代）　　振替 00170-7-2387
FAX☎ (03) 5474-8900

印刷・製本　小宮山印刷工業（株）

≪検印省略≫

本書の内容を無断で複写複製することは，著作者および出版者の権利を侵害することがありますので，その場合にはあらかじめ小社あて許諾をお求め下さい．

サイエンス社・数理工学社の
ホームページのご案内
https://www.saiensu.co.jp
ご意見・ご要望は
suuri@saiensu.co.jp まで．

ISBN978-4-901683-82-1

PRINTED IN JAPAN

電気回路
大橋俊介著　2色刷・A5・並製・本体2200円

基礎電気電子計測
信太克規著　2色刷・A5・並製・本体1850円

応用電気電子計測
信太克規著　2色刷・A5・並製・本体2000円

高電界工学
高電圧の基礎
工藤勝利著　2色刷・A5・並製・本体1950円

環境とエネルギー
枯渇性エネルギーから再生可能エネルギーへ
西方正司著　2色刷・A5・並製・本体1500円

電力発生工学
加藤・中野・西江・桑江共著
2色刷・A5・並製・本体2400円

基礎制御工学
松瀬貢規著　2色刷・A5・並製・本体2600円

電気機器学
三木・下村共著　2色刷・A5・並製・本体2200円

＊表示価格は全て税抜きです．

発行・数理工学社／発売・サイエンス社